厚德博學

經濟匡時

应用型高等教育基础课规划教材

高等数学

王文静　袁海君　主　编

王翠珍　陈　潇　苏毓婧　副主编

胡振媛　董黎萍　朱艳艳　王　佳　参　编

上海财经大学出版社

图书在版编目（CIP）数据

高等数学/王文静，袁海君主编．—上海：上海财经大学出版社，2020.7
（匡时·应用型高等教育基础课规划教材）
ISBN 978-7-5642-3584-0/F·3584

Ⅰ.①高…　Ⅱ.①王…②袁…　Ⅲ.①高等数学-高等学校-教材　Ⅳ.①O13

中国版本图书馆 CIP 数据核字（2020）第 112175 号

高等数学

著　作　者：王文静　袁海君　主编
　　　　　　王翠珍　陈　潇　苏毓婧　副主编
责任编辑：朱静怡
封面设计：张克瑶
出版发行：上海财经大学出版社有限公司
地　　址：上海市中山北一路 369 号（邮编 200083）
网　　址：http://www.sufep.com
经　　销：全国新华书店
印刷装订：上海新文印刷厂有限公司
开　　本：787mm×1092mm　1/16
印　　张：12
字　　数：234 千字
版　　次：2020 年 7 月第 1 版
印　　次：2021 年 1 月第 2 次印刷
印　　数：4 001—6 000
定　　价：39.00 元

目　录

第一章 函数、极限与连续

高等数学是以函数为主要研究对象的一门数学学科,主要研究内容是微积分,而微积分概念的基础就是极限,连续是函数的一个重要性态,连续函数也是高等数学研究的主要对象.

§1.1 函 数

在高等数学的学习中经常用到数集:区间和邻域.

满足不等式 $a \leqslant x \leqslant b$ 的实数 x 的集合叫作**闭区间**,表示为 $[a,b]$;满足不等式 $a < x < b$ 的实数 x 的集合叫作**开区间**,表示为 (a,b);满足不等式 $a \leqslant x < b$ 或 $a < x \leqslant b$ 的实数 x 的集合叫作**半开半闭区间**,分别表示为 $[a,b),(a,b]$. 其中,a、b 称为区间的端点,它们也可分别取 $-\infty$、$+\infty$.

设 x_0 和 δ 是两个实数,且 $\delta > 0$,数集 $\{x \mid |x-x_0| < \delta, x \in R\}$ 称为**点 x_0 的 δ 邻域**,记为 $U(x_0, \delta)$,它等价于开区间 $(x_0-\delta, x_0+\delta)$;数集 $\{x \mid 0 < |x-x_0| < \delta, x \in R\}$ 称为**点 x_0 的去心 δ 邻域**,记为 $\overset{\circ}{U}(x_0, \delta)$,它等价于 $(x_0-\delta, x_0) \bigcup (x_0, x_0+\delta)$.

1.1.1 函数的概念

定义 1.1.1 若 D 是一个非空实数集合,设有一个对应法则 f,对于每一个 $x \in D$,都有唯一确定的数值 y 与之对应,则称 y 是 x 的函数. 记作

$$y = f(x), x \in D.$$

其中,x 称为**自变量**,y 称为**因变量**,数集 D 称为这个函数的**定义域**. 当自变量 x 遍取 D 的所有数值时,对应的函数值 $f(x)$ 的全体构成的集合称为函数 f 的**值域**.

函数的定义域与对应法则是函数的**两个要素**. 两个函数是同一函数的充分必要条件是它们的定义域和对应法则均相同.

例如,函数 $y = 3\ln x$ 与 $y = \ln^3 x$ 是同一函数,而函数 $y = x$ 与 $y = \sqrt{x^2}$ 不是同一

函数.

定义 1.1.2   设函数 $y=f(x)$ 的定义域为 D,值域为 W. 对于值域 W 中的任一数值 y,在定义域 D 上有唯一确定的 x 与 y 对应(即 x 与 y 满足一一对应关系),如果把 y 作为自变量,x 作为函数,则由上述关系式可确定的函数 $x=\varphi(y)$(或 $x=f^{-1}(y)$)称为函数 $y=f(x)$ 的**反函数**. 反函数的定义域为 W,值域为 D.

习惯上,总是用 x 表示自变量,y 表示因变量,因此,$y=f(x)$ 的反函数 $x=\varphi(y)$ 常改写为 $y=\varphi(x)$(或 $y=f^{-1}(x)$). 在同一个坐标平面内,函数 $y=f(x)$ 和它的反函数 $y=\varphi(x)$ 的图形关于直线 $y=x$ 是对称的. 如函数 $y=\ln x$ 和函数 $y=e^x$.

例 1.1.1   求函数 $y=-\sqrt{x-1}$ 的反函数,并指出定义域和值域.

解:由原式解出 x,可得 $x=y^2+1$,把 x 与 y 互换,得所求反函数为 $y=x^2+1$.

因为原来函数的定义域为 $[1,+\infty)$,值域为 $(-\infty,0]$,所以所求反函数的定义域为 $(-\infty,0]$,值域为 $[1,+\infty)$.

1.1.2   函数的性质

在研究函数的时候,经常需要考虑函数的以下性质.

1. 函数的单调性

设函数 $f(x)$ 的定义域为 D,如果对于区间 I 上任意两点 x_1 及 x_2,当 $x_1<x_2$,恒有 $f(x_1)<f(x_2)$,则称函数 $f(x)$ 在区间 I 上是**单调增加函数**;如果对于区间 I 上任意两点 x_1 及 x_2,当 $x_1<x_2$,恒有 $f(x_1)>f(x_2)$,则称函数 $f(x)$ 在区间 I 上**是单调减少函数**.

2. 函数的奇偶性

设函数 $f(x)$ 的定义域 D 关于原点对称,若 $\forall x\in D$,恒有 $f(-x)=f(x)$,则称 $f(x)$ 为**偶函数**;若 $\forall x\in D$,恒有 $f(-x)=-f(x)$,则称 $f(x)$ 为**奇函数**.

3. 函数的周期性

设函数 $f(x)$ 的定义域为 D,如果存在常数 $T>0$,使得对一切 $x\in D$,有 $(x\pm T)\in D$,且 $f(x+T)=f(x)$,则称 $f(x)$ 为**周期函数**,T 称为 $f(x)$ 的**周期**.

4. 函数的有界性

设函数 $f(x)$ 的定义域为 D,数集 $X\subset D$,若存在一个正数 M,使得对一切 $x\in X$,恒有 $|f(x)|\leqslant M$,则称函数 $f(x)$ 在 X 上**有界**,或称 $f(x)$ 是 X 上的**有界函数**;若具有上述性质的正数 M 不存在,则称 $f(x)$ 在 X 上**无界**,或称 $f(x)$ 是 X 上的**无界函数**.

例如,函数 $y=\sin x$ 是区间 $(-\infty,+\infty)$ 上的有界函数,函数 $y=\dfrac{1}{x}$ 是区间 $(-\infty,0)\bigcup(0,+\infty)$ 上的无界函数.

1.1.3 基本初等函数

我们需要掌握的基本初等函数有以下六种：

常数函数 $\qquad y = C$(C 为常数)；

幂函数 $\qquad y = x^{\mu}$(μ 为常数)；

指数函数 $\qquad y = a^x$($a > 0, a \neq 1, a$ 为常数)；

对数函数 $\qquad y = \log_a x$($a > 0, a \neq 1, a$ 为常数)；

三角函数 $\qquad y = \sin x, y = \cos x, y = \tan x, y = \cot x, y = \sec x, y = \csc x$；

反三角函数 $\qquad y = \arcsin x, y = \arccos x, y = \arctan x, y = \text{arccot} x$.

根据函数的图像，我们可直观地观察出函数的性质及函数值的变化趋势．

1. 幂函数

幂函数 $y = x^{\mu}$(μ 为任意实数)，其定义域要依 μ 具体是什么数而定，但无论 μ 为何值，x^{μ} 在 $(0, +\infty)$ 内总有定义，而且图形都经过 $(1,1)$ 点．

2. 指数函数

指数函数 $y = a^x$(a 为常数，$a > 0, a \neq 1$)，其定义域为 $(-\infty, +\infty)$. 如图 1-1-1 所示，当 $a > 1$ 时，指数函数 $y = a^x$ 单调增加；当 $0 < a < 1$ 时，指数函数 $y = a^x$ 单调减少．最为常用的是以数 e 为底数的指数函数 $y = e^x$.

3. 对数函数

指数函数 $y = a^x$ 的反函数称为对数函数，记为 $y = \log_a x$(a 为常数，$a > 0, a \neq 1$)，其定义域为 $(0, +\infty)$，如图 1-1-2 所示．其中，以 e 为底的对数函数称为**自然对数函数**，记作 $y = \ln x$.

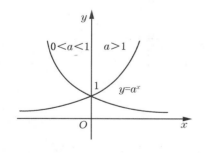

图 1-1-1

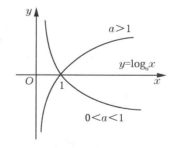

图 1-1-2

4. 三角函数

正弦函数 $y = \sin x$，其定义域为 $(-\infty, +\infty)$，值域为 $[-1, 1]$，是奇函数，是周期为 2π 的周期函数，如图 $1-1-3$ 所示．

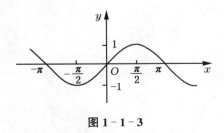

图 $1-1-3$

余弦函数 $y = \cos x$，其定义域为 $(-\infty, +\infty)$，值域为 $[-1, 1]$，是偶函数，是周期为 2π 的周期函数，如图 $1-1-4$ 所示．

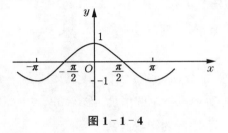

图 $1-1-4$

正切函数 $y = \tan x$，其定义域为 $x \neq k\pi + \dfrac{\pi}{2}, k \in Z$，值域为 $(-\infty, +\infty)$，是奇函数，是周期为 π 的周期函数，如图 $1-1-5$ 所示．

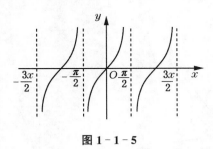

图 $1-1-5$

余切函数 $y = \cot x$，其定义域为 $x \neq k\pi, k \in Z$，值域为 $(-\infty, +\infty)$，是奇函数，是周期为 π 的周期函数，如图 $1-1-6$ 所示．

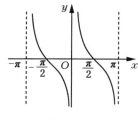

图 1－1－6

5. 反三角函数

反正弦函数 $y=\arcsin x$，其定义域为 $[-1,1]$，值域为 $\left[-\dfrac{\pi}{2},\dfrac{\pi}{2}\right]$.

反余弦函数 $y=\arccos x$，其定义域为 $[-1,1]$，值域为 $[0,\pi]$.

反正切函数 $y=\arctan x$，其定义域为 $(-\infty,+\infty)$，值域为 $\left(-\dfrac{\pi}{2},\dfrac{\pi}{2}\right)$，如图 $1-1-7$ 所示.

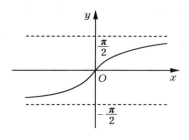

图 1－1－7

反余切函数 $y=\operatorname{arccot}x$，其定义域为 $(-\infty,+\infty)$，值域为 $(0,\pi)$，如图 $1-1-8$ 所示.

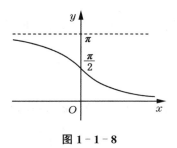

图 1－1－8

1.1.4　复合函数

设函数 $y=f(u)$ 的定义域为 D_f,而函数 $u=\varphi(x)$ 的值域为 R_φ,若 $D_f \bigcap R_\varphi \neq \phi$,则称函数 $y=f[\varphi(x)]$ 为 $y=f(u)$ 和 $u=\varphi(x)$ 的**复合函数**.其中,x 称为**自变量**,y 称为**因变量**,u 称为**中间变量**.

例 1.1.2　求 $y=\sqrt{u}$,$u=x^2+1$ 构成的复合函数.

解:$y=\sqrt{u}=\sqrt{x^2+1}$.

例 1.1.3　分解复合函数 $y=5^{\cot\frac{1}{x}}$.

解:$y=5^u$,$u=\cot v$,$v=\dfrac{1}{x}$.

1.1.5　初等函数

由基本初等函数经过有限次四则运算后,所得到的函数称为**简单函数**.由基本初等函数经过有限次四则运算和复合,并能用一个数学式表示的函数称为**初等函数**.例如,$y=x\ln x$,$y=e^{3\sin x}+\sqrt{x}$,都是初等函数.初等函数是高等数学的主要研究对象.

1.1.6　分段函数

在其定义域的不同范围内具有不同的解析表达式的函数称为**分段函数**,分段函数不是初等函数.

下面列举几个特殊分段函数:

绝对值函数　$y=|x|=\begin{cases} x, & x \geqslant 0 \\ -x, & x<0 \end{cases}$,其定义域 $D=(-\infty,+\infty)$,值域 $R_f=[0,+\infty)$.

取整函数　$y=[x]$,其中,$[x]$ 表示不超过 x 的最大整数,如 $[\pi]=3$,$[-2.3]=-3$,$[\sqrt{3}]=1$.

　应用举例

单位阶跃函数是电学中的一个常用函数,它可以表示为:

$$U(t)=\begin{cases} 1 & (t>0) \\ 0 & (t<0) \end{cases}$$

例 1.1.4　某运输公司规定货物的吨公里运价为:在 a 公里以内,每公里为 k 元;超过 a 公里,超过部分每公里为 $\dfrac{4}{5}k$ 元.求运价 m 和里程 s 之间的函数关系.

解：根据题意可列出函数关系为

$$m=\begin{cases} ks & (0<s\leqslant a) \\ ka+\dfrac{4}{5}k(s-a) & (a<s) \end{cases}.$$

这里，运价 m 和里程 s 的函数关系是用分段函数表示的，定义域为 $(0,+\infty)$.

1.1.7　经济函数应用举例

1. 需求与供给函数

设 Q 为商品需求量，P 为商品价格，则 $Q=Q(P)$ 称为**需求函数**.

设商品供给量为 S，则供给量与商品价格 P 之间的函数 $S=S(P)$ 为**供给函数**.

当商品价格为 $\overline{P}$ 时，商品的需求量 Q 和商品的供给量 S 达到平衡，则称 $\overline{P}$ 为**市场均衡价格**，$\overline{Q}$ 为**均衡数量**.

例 1.1.5　某种商品的需求函数与供给函数分别为

$$Q=300-5P,S=25P-30,$$

求该商品的市场均衡价格和均衡数量.

解：设均衡价格为 $\overline{P}$，满足 $Q(\overline{P})=S(\overline{P})$，即

$$300-5\overline{P}=25\overline{P}-30,$$

$$\overline{P}=11$$

而均衡数量为

$$\overline{Q}=300-5\overline{P}=300-5\times11=245.$$

2. 成本、收益、利润函数

某商品的**总成本**是指生产一定数量的产品所需的费用总额，它由固定成本和可变成本组成，是关于产量（或销量）Q 的函数，即 $C=C(Q)$.

总收益是指销售一定数量商品所得的收入，它既是销量 Q 的函数，又是价格 P 的函数，即 $R=QP$.

生产（或销售）一定数量商品的**总利润** L 在不考虑税收的情况下，它是总收入 R 与总成本 C 之差，即 $L=L(Q)=R(Q)-C(Q)$.

例 1.1.6　已知某产品的价格为 P，需求函数为 $Q=50-5P$，成本函数为 $C=20+4Q$，求利润 L 与产量 Q 之间的函数关系，并计算产量 Q 为多少时利润 L 最大及最大利润是多少？

解：由需求函数 $Q=50-5P$ 得 $P=10-\dfrac{Q}{5}$，故收益函数为

$$R = PQ$$
$$= \left(10 - \frac{Q}{5}\right)Q$$
$$= 10Q - \frac{Q^2}{5},$$

利润函数为

$$L(Q) = R(Q) - C(Q)$$
$$= 10Q - \frac{Q^2}{5} - 20 - 4Q$$
$$= -\frac{Q^2}{5} + 6Q - 20$$
$$= -\frac{1}{5}(Q-15)^2 + 25.$$

因此,当 $Q=15$ 时 L 最大,最大利润为 25.

 **习题 1.1**

1. 下列各组函数是否表示同一函数.

(1) $y = \ln x^2$ 与 $y = 2\ln x$；　　　　(2) $y = \ln x^3$ 与 $y = 3\ln x$；

(3) $y = 1$ 与 $y = \sin^2 x + \cos^2 x$；　　(4) $y = x - 1$ 与 $y = \dfrac{x^2 - x}{x}$.

2. 求下列函数的定义域.

(1) $f(x) = \dfrac{3}{5x^2 + 2x}$；　　　　(2) $y = \dfrac{\lg(2-x)}{\sqrt{x-1}}$；

(3) $f(x) = \dfrac{1}{\sqrt{1-x^2}} + \arcsin(2x-1)$.

3. 计算.

(1) $f(x) = \begin{cases} x^2 - 1 & (x \leqslant -2) \\ 2x & (-2 < x < 6), \\ 1 & (x \geqslant 6) \end{cases}$ 求 $f(-3), f(3), f(13)$；

(2) 已知 $f(x) = \dfrac{1-x}{1+x}$，求 $f(0), f\left(\dfrac{1}{2}\right), f\left(\dfrac{1}{x}\right), f(x+1)$.

4. 分解下列复合函数.

(1) $y = \ln(x^2 + 1)$；　　(2) $y = e^{\arctan(x+1)}$；　　(3) $y = \ln\sin\sqrt{x}$.

5. 某科技馆的门票售价为 10 元/人,现面向学生团体优惠,20 人以上(含 20 人)

团体票八折优惠,40 人以上六折优惠.请建立团体人数 x 与门票费用 y 的函数关系,并分别计算当有 15 人、30 人、45 人参观时所需费用,并简单分析购票策略.

6. 市场上售出的某种衬衫的需求量 Q 是价格 P 的线性函数,当价格 P 为 50 元/件时可售出 1 500 件;当价格 P 为 60 元/件时,可售出 1 200 件.试确定需求函数和价格函数.

§1.2 极限概念与运算法则

高等数学主要是用极限的方法研究函数的性质,因此极限理论是高等数学的理论基础和重要工具.本节介绍极限的概念、性质及其运算法则.

1.2.1 数列的极限

极限概念由来已久,在公元前 3 世纪,我国著名思想家庄子就有"一尺之棰,日取其半,万世不竭"的论断,这就是数列极限思想的体现.又如,魏晋时期的著名数学家刘徽在《九章算术》中创造了"割圆术"的方法来计算圆周率,他认为"割之弥细,所失弥少,割之又割以至于不可割,则与圆合体而无所失矣".这里,刘徽给出了逼近圆面积的极限过程,即把极限的概念应用于近似计算,从而算出了圆周率 π 的近似值为 $\dfrac{3\,927}{1\,250}$ =3.141 6,这是数学史上运用极限思想处理数学问题的经典之作.

1. 数列

按正整数顺序排列的无穷多个数 $x_1,x_2,x_3,\cdots,x_n,\cdots$ 称为**数列**,记为 $\{x_n\}$.数列里的每一个数称为数列的项,依次为第 1 项,第 2 项,$\cdots$,第 n 项,x_n 称为数列的第 n 项,也称为通项.

例如,

数列(1)$2,\dfrac{3}{2},\dfrac{4}{3},\cdots,\dfrac{n+1}{n},\cdots$ 通项 $x_n=\dfrac{n+1}{n}$;

数列(2)$5,5,5,5,\cdots,5,\cdots$ 通项 $x_n=5$;

数列(3)$1,2,3,4,\cdots,n,\cdots$ 通项 $x_n=n$;

数列(4)$1,-1,1,-1,\cdots,1,-1,\cdots$ 通项 $x_n=(-1)^{n+1}$.

2. 数列的极限

观察上例中四个数列的变化趋势,可以把它们分为两类:

第一类,当 n 无限增大时,通项 x_n 无限趋近于某个常数.数列(1)中,随着 n 的无限增大,通项 $x_n=\dfrac{n+1}{n}=1+\dfrac{1}{n}$ 无限趋近于 1;数列(2)中,随着 n 的无限增大,通项

$x_n=5$ 无限趋近于 5.

第二类,当 n 无限增大时,通项 x_n 不趋近于任何常数.数列(3)中,随着 n 的无限增大,通项 $x_n=n$ 无限增大;数列(4)中,随着 n 的无限增大,通项 $x_n=(-1)^{n+1}$ 总是在 1 和 -1 之间来回变动.

所谓数列的极限问题,就是研究当 n 无限增大时,数列 $\{x_n\}$ 的通项 x_n 的变化趋势.

定义 1.2.1　对于数列 $\{x_n\}$,如果存在一个常数 A,使得当 n 无限增大时,通项 x_n 无限趋近于某个固定的常数 A,则称 A 为**数列** $\{x_n\}$ **的极限**,记为

$$\lim_{n\to\infty}x_n=A \text{ 或 } x_n\to A(n\to\infty).$$

这时,也称数列 $\{x_n\}$ **收敛**于 A;如果数列 $\{x_n\}$ 没有极限,就称数列 $\{x_n\}$ 是**发散**的.

那么,数列(1)$\lim_{n\to\infty}x_n=\lim_{n\to\infty}\dfrac{n+1}{n}=1$;数列(2)$\lim_{n\to\infty}x_n=\lim_{n\to\infty}5=5$;数列(3)$\lim_{n\to\infty}x_n=\lim_{n\to\infty}n$ 不存在;数列(4)$\lim_{n\to\infty}x_n=\lim_{n\to\infty}(-1)^{n+1}$ 不存在.

1.2.2　函数的极限

1. 当 $x\to\infty$ 时,函数 $f(x)$ 的极限

先做一个符号说明:

(1)$x\to+\infty$:表示 x 无限增大,即 x 沿着 x 轴的正向无限地远离坐标原点;

(2)$x\to-\infty$:表示 x 无限减小,即 x 沿着 x 轴的负向无限地远离坐标原点;

(3)$x\to\infty$:表示 x 的绝对值 $|x|$ 无限地增大,即 x 既沿 x 轴的正向又沿 x 轴的负向,无限地远离坐标原点.

若把数列的通项 x_n 看作是以正整数 n 为自变量的函数,那么对照数列极限的定义可以给出函数 $f(x)$ 的极限定义.

定义 1.2.2　如果当 $x\to+\infty$ 时,函数 $f(x)$ 无限趋向于一个确定的常数 A,则称 $x\to+\infty$ 时,**函数** $f(x)$ **以** A **为极限**,记作 $\lim_{x\to+\infty}f(x)=A$ 或 $f(x)\to A(x\to+\infty)$.

例如,$\lim_{x\to+\infty}\left(\dfrac{1}{2}\right)^x=0$,见图 $1-2-1$.

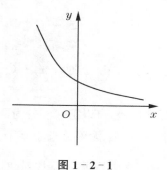

图 $1-2-1$

定义 1.2.3 如果当 $x \to -\infty$ 时,函数 $f(x)$ 无限趋向于一个确定的常数 A,则称 $x \to -\infty$ 时,函数 $f(x)$ 以 A 为极限,记作 $\lim\limits_{x \to -\infty} f(x) = A$ 或 $f(x) \to A (x \to -\infty)$.

例如,$\lim\limits_{x \to -\infty} 3^x = 0$,见图 1-2-2.

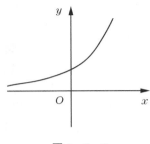

图 1-2-2

定义 1.2.4 如果当 $x \to \infty$ 时,即 $|x|$ 无限增大,函数 $f(x)$ 无限趋向一个确定的常数 A,则称 A 为函数 $f(x)$ 当 $x \to \infty$ 时的极限. 记作 $\lim\limits_{x \to \infty} f(x) = A$ 或 $f(x) \to A (x \to \infty)$.

例如,$\lim\limits_{x \to \infty} \dfrac{1}{x} = 0$,见图 1-2-3.

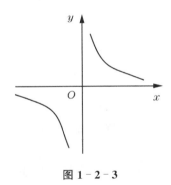

图 1-2-3

定理 1.2.1 $\lim\limits_{x \to \infty} f(x) = A$ 的充分必要条件是 $\lim\limits_{x \to +\infty} f(x) = A$ 且 $\lim\limits_{x \to -\infty} f(x) = A$,即 $\lim\limits_{x \to \infty} f(x) = A \Leftrightarrow \lim\limits_{x \to +\infty} f(x) = \lim\limits_{x \to -\infty} f(x) = A$.

2. 当 $x \to x_0$ 时,函数 $f(x)$ 的极限

函数 $f(x) = \dfrac{x^2 - 1}{x - 1}$ 在 $x = 1$ 点的某去心邻域有定义,当 x 无限接近 1(但不等于 1)时,即无论 x 从右侧还是从左侧趋近于 1,函数都无限趋向于常数 2,则称 2 是该函数当 $x \to 1$ 时的极限,记作 $\lim\limits_{x \to 1} \dfrac{x^2 - 1}{x - 1} = 2$.

定义 1.2.5 设函数 $f(x)$ 在 x_0 的某去心邻域内有定义,如果当 $x \to x_0$ 时,函数 $f(x)$ 的函数值无限接近于某个确定的常数 A,则称 A 为函数 $f(x)$ 当 $x \to x_0$ 时的极

限(或称 A 为函数 $f(x)$ 在 x_0 处的极限),记作 $\lim\limits_{x \to x_0} f(x) = A$ 或 $f(x) \to A(x \to x_0)$.

说明:

(1)定义中 $x \to x_0$ 的方式是任意的,可以从 x_0 的左侧趋向 x_0,也可以从 x_0 的右侧趋向 x_0,还可以从两边同时趋向 x_0;

(2)当 $x \to x_0$ 时,函数的极限是否存在与其在点 x_0 是否有定义无关.

如果自变量 x 小于 x_0 且无限接近于 x_0(即从左侧趋向 x_0)时,函数 $f(x)$ 趋近常数 A,则称常数 A 为 $f(x)$ 在点 x_0 处的**左极限**,记为 $\lim\limits_{x \to x_0^-} f(x) = A$.

如果自变量 x 大于 x_0 且无限接近于 x_0(即从右侧趋向 x_0)时,函数 $f(x)$ 趋近常数 A,则称常数 A 为 $f(x)$ 在点 x_0 处的**右极限**,记为 $\lim\limits_{x \to x_0^+} f(x) = A$.

例如,设 $f(x) = \begin{cases} x^2 + 1 & (x < 0) \\ 0 & (x = 0) \\ x - 1 & (x > 0) \end{cases}$,图像如图 1-2-4 所示,则 $\lim\limits_{x \to 0^+} f(x) = -1$,

$\lim\limits_{x \to 0^-} f(x) = 1$.

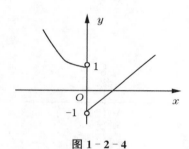

图 1-2-4

定理 1.2.2 $\lim\limits_{x \to x_0} f(x) = A$ 的充分必要条件为 $\lim\limits_{x \to x_0^-} f(x) = A$ 且 $\lim\limits_{x \to x_0^+} f(x) = A$,即 $\lim\limits_{x \to x_0} f(x) = A \Leftrightarrow \lim\limits_{x \to x_0^+} f(x) = \lim\limits_{x \to x_0^-} f(x) = A$.

例 1.2.1   设 $f(x) = \begin{cases} x - 1 & (x < 0) \\ 0 & (x = 0) \\ x + 1 & (x > 0) \end{cases}$,判断 $\lim\limits_{x \to 0} f(x)$ 是否存在.

解:因为 $\lim\limits_{x \to 0^+} f(x) = \lim\limits_{x \to 0^+} (x + 1) = 1$,$\lim\limits_{x \to 0^-} f(x) = \lim\limits_{x \to 0^-} (x - 1) = -1$,

且 $\lim\limits_{x \to 0^+} f(x) \neq \lim\limits_{x \to 0^-} f(x)$,

所以 $\lim\limits_{x \to 0} f(x)$ 不存在.

1.2.3 极限的性质

仅以 $\lim\limits_{x \to x_0} f(x)$ 为代表给出函数极限的几个常用性质,其他形式的极限性质类似.

性质 1(唯一性) 如果 $\lim\limits_{x \to x_0} f(x)$ 存在,则极限是唯一的.

性质 2(极限存在的局部有界性) 如果 $\lim\limits_{x \to x_0} f(x) = A$,则存在 $M > 0$ 和 $\delta > 0$,使得当 $0 < |x - x_0| < \delta$ 时,有 $|f(x)| \leqslant M$.

性质 3(极限存在的局部保号性) 如果 $\lim\limits_{x \to x_0} f(x) = A$,而 $A > 0$(或 $A < 0$),则存在 $\delta > 0$,使得当 $0 < |x - x_0| < \delta$ 时,有 $f(x) > 0$(或 $f(x) < 0$).

性质 4(两边夹定理) 如果在 x_0 的某个去心邻域,都有 $g(x) \leqslant f(x) \leqslant h(x)$,且 $\lim\limits_{x \to x_0} g(x) = \lim\limits_{x \to x_0} h(x) = A$,则 $\lim\limits_{x \to x_0} f(x) = A$.

1.2.4 极限的运算法则

在以下定理中,若极限符号下面没有标明自变量的变化过程,是指 $x \to x_0$,$x \to x_0^+$,$x \to x_0^-$,$x \to \infty$,$x \to +\infty$,$x \to -\infty$ 等各种变化过程都成立.

定理 1.2.3 设 $\lim f(x) = A$ 和 $\lim g(x) = B$ 都存在,则

(1)$\lim[f(x) \pm g(x)] = \lim f(x) \pm \lim g(x) = A \pm B$;

(2)$\lim[f(x) \cdot g(x)] = \lim f(x) \cdot \lim g(x) = A \cdot B$;

(3)$\lim \dfrac{f(x)}{g(x)} = \dfrac{\lim f(x)}{\lim g(x)} = \dfrac{A}{B}$ $(B \neq 0)$.

定理 1.2.3(1)、定理 1.2.3(2)可推广到有限个函数的情形.

推论 1 $\lim[Cf(x)] = C \lim f(x)$($C$ 为常数).

推论 2 $\lim[f(x)]^n = [\lim f(x)]^n$.

例 1.2.2 求极限:$\lim\limits_{x \to 1}(x^2 + 3x - 2)$.

解:$\lim\limits_{x \to 1}(x^2 + 3x - 2) = \lim\limits_{x \to 1} x^2 + \lim\limits_{x \to 1} 3x - \lim\limits_{x \to 1} 2 = 1^2 + 3 \times 1 - 2 = 2$.

对于定理 1.2.3(3),一般地,$\lim\limits_{x \to x_0} \dfrac{P(x)}{Q(x)} = \dfrac{\lim\limits_{x \to x_0} P(x_0)}{\lim\limits_{x \to x_0} Q(x_0)} = \dfrac{P(x_0)}{Q(x_0)}$,其中 $P(x)$ 及 $Q(x)$ 为多项式且 $Q(x_0) \neq 0$.

对于多项式和有理函数,当 $Q(x_0) \neq 0$ 时,上式可以作为公式直接使用;当分母 $Q(x_0) = 0$,上式就不再适用了.

例 1.2.3 求下列极限

(1)$\lim\limits_{x \to 3} \dfrac{x^2 - 4x + 3}{x^2 - 9}$; (2)$\lim\limits_{x \to 0} \dfrac{\sqrt{1+x} - 1}{x}$.

解:(1)当 $x\to 3$ 时,分子、分母极限都为 $0\left(\dfrac{0}{0}型未定式\right)$

$$\lim_{x\to 3}\frac{x^2-4x+3}{x^2-9}=\lim_{x\to 3}\frac{(x-1)(x-3)}{(x+3)(x-3)}=\lim_{x\to 3}\frac{x-1}{x+3}=\frac{1}{3}.$$

(2) $\lim\limits_{x\to 0}\dfrac{\sqrt{1+x}-1}{x}=\lim\limits_{x\to 0}\dfrac{(\sqrt{1+x}-1)(\sqrt{1+x}+1)}{x(\sqrt{1+x}+1)}=\lim\limits_{x\to 0}\dfrac{1}{(\sqrt{1+x}+1)}=\dfrac{1}{2}.$

例 1.2.4 求 $\lim\limits_{x\to\infty}\dfrac{2x^2-x+3}{x^2+2x+2}$.

解: $\left(\dfrac{\infty}{\infty}型未定式\right)$

$$\lim_{x\to\infty}\frac{2x^2-x+3}{x^2+2x+2}=\lim_{x\to\infty}\frac{2-\dfrac{1}{x}+\dfrac{3}{x^2}}{1+\dfrac{2}{x}+\dfrac{2}{x^2}}=2.$$

一般地,当 $a_0\neq 0,b_0\neq 0,m$ 和 n 为非负整数时,有

$$\lim_{x\to\infty}\frac{a_0x^m+a_1x^{m-1}+\cdots+a_m}{b_0x^n+b_1x^{n-1}+\cdots+b_n}=\begin{cases}\infty & (n<m)\\[2mm]\dfrac{a_0}{b_0} & (n=m).\\[2mm]0 & (n>m)\end{cases}$$

例 1.2.5 求 $\lim\limits_{x\to 1}\left(\dfrac{3}{1-x^3}-\dfrac{1}{1-x}\right)$.

解: $(\infty-\infty型未定式)$

$$\lim_{x\to 1}\left(\frac{3}{1-x^3}-\frac{1}{1-x}\right)=\lim_{x\to 1}\frac{(2+x)(1-x)}{(1-x)(1+x+x^2)}=\lim_{x\to 1}\frac{2+x}{1+x+x^2}=1.$$

例 1.2.6 产品利润的极限问题

某厂生产汽车轮胎,总成本为 $C(x)=1\,000+150\sqrt{20+x^2}$ 元,在产量 x 很大的情况下,求平均成本.

解:生产 x 个轮胎的平均成本为 $\dfrac{C(x)}{x}$,当产量很大时,平均成本近似为 $\lim\limits_{x\to\infty}\dfrac{C(x)}{x}$,

$$\begin{aligned}\lim_{x\to\infty}\frac{C(x)}{x}&=\lim_{x\to\infty}\frac{1\,000+150\sqrt{20+x^2}}{x}\\&=\lim_{x\to\infty}\frac{1\,000}{x}+\frac{150\sqrt{20+x^2}}{x}\\&=\lim_{x\to\infty}\frac{1\,000}{x}+150\lim_{x\to\infty}\sqrt{\frac{20}{x^2}+1}\\&=150.\end{aligned}$$

 **习题 1. 2**

1. 求下列函数的极限 .

$(1)\lim\limits_{x\to 2}\dfrac{x^2-3}{x+2}$;

$(2)\lim\limits_{x\to 2}\dfrac{2x^2-x-6}{x^2-3x+1}$;

$(3)\lim\limits_{x\to 2}\dfrac{x^2-4}{x-2}$;

$(4)\lim\limits_{x\to \infty}\dfrac{4x^3+2x-1}{2x^2-x}$;

$(5)\lim\limits_{x\to \infty}\dfrac{4x^2-1}{8x^2+12x+2}$;

$(6)\lim\limits_{x\to 2}\left(\dfrac{1}{x-2}-\dfrac{4}{x^2-4}\right)$;

$(7)\lim\limits_{x\to 4}\dfrac{2-\sqrt{x}}{3-\sqrt{2x+1}}$;

(8) 设 $f(x)=\begin{cases}3x-1 & (x\leqslant 2)\\ x+3 & (x>2)\end{cases}$,求$\lim\limits_{x\to 2}f(x)$.

2. 设 $f(x)=\begin{cases}\mathrm{e}^{ax} & (x\leqslant 1)\\ ax+b & (x>1)\end{cases}$,当 a,b 为何值时,$\lim\limits_{x\to 1}f(x)=1$.

§1.3 两个重要极限、无穷小与无穷大

本节将介绍求极限时常用的两个重要极限以及无穷小量与无穷大量 .

1.3.1 第一个重要极限:$\lim\limits_{x\to 0}\dfrac{\sin x}{x}=1$.

在这里不作证明,下面给出当 $x\to 0$ 时,函数 $\dfrac{\sin x}{x}$ 的图像(见图 1 - 3 - 1)加以佐证.

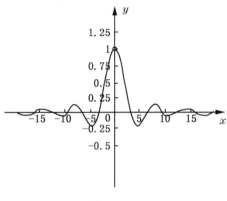

图 1 - 3 - 1

利用该重要极限,可以求一些 $\dfrac{0}{0}$ 型的极限. 在具体应用中,第一个重要极限可推广为:

$$\lim_{\phi(x)\to 0}\frac{\sin\phi(x)}{\phi(x)}=1.$$

例 1.3.1　求 $\lim\limits_{x\to 0}\dfrac{\sin 3x}{x}$.

解: $\lim\limits_{x\to 0}\dfrac{\sin 3x}{x}=\lim\limits_{x\to 0}\dfrac{\sin 3x}{3x}\cdot 3=3\cdot\lim\limits_{3x\to 0}\dfrac{\sin 3x}{3x}=3.$

例 1.3.2　求 $\lim\limits_{x\to 0}\dfrac{\tan x}{x}$.

解: $\lim\limits_{x\to 0}\dfrac{\tan x}{x}=\lim\limits_{x\to 0}\dfrac{\sin x}{x\cos x}=\lim\limits_{x\to 0}\dfrac{\sin x}{x}\cdot\lim\limits_{x\to 0}\dfrac{1}{\cos x}=1\cdot 1=1.$

例 1.3.3　求 $\lim\limits_{x\to\infty}x\cdot\sin\dfrac{1}{x}$.

解: $\lim\limits_{x\to\infty}x\cdot\sin\dfrac{1}{x}=\lim\limits_{x\to 0}x\cdot\dfrac{\sin\dfrac{1}{x}}{\dfrac{1}{x}}\cdot\dfrac{1}{x}=1.$

例 1.3.4　求 $\lim\limits_{x\to 0}\dfrac{1-\cos x}{x^2}$.

解: $\lim\limits_{x\to 0}\dfrac{1-\cos x}{x^2}=\lim\limits_{x\to 0}\dfrac{2\sin^2\dfrac{x}{2}}{x^2}=\dfrac{1}{2}\lim\limits_{x\to 0}\dfrac{\sin^2\dfrac{x}{2}}{\left(\dfrac{x}{2}\right)^2}=\dfrac{1}{2}\left(\lim\limits_{x\to 0}\dfrac{\sin\dfrac{x}{2}}{\dfrac{x}{2}}\right)^2=\dfrac{1}{2}\cdot 1^2=\dfrac{1}{2}.$

1.3.2　第二个重要极限: $\lim\limits_{x\to\infty}\left(1+\dfrac{1}{x}\right)^x=\mathrm{e}$（或 $\lim\limits_{x\to 0}(1+x)^{\frac{1}{x}}=\mathrm{e}$）.

在具体应用中,第二个重要极限可推广为:

$$\lim_{\phi(x)\to\infty}\left(1+\frac{1}{\phi(x)}\right)^{\phi(x)}=\mathrm{e}\left(\text{或}\lim_{\phi(x)\to 0}(1+\phi(x))^{\frac{1}{\phi(x)}}=\mathrm{e}\right).$$

例 1.3.5　求 $\lim\limits_{x\to\infty}\left(1+\dfrac{2}{x}\right)^x$.

解: $\lim\limits_{x\to\infty}\left(1+\dfrac{2}{x}\right)^x=\lim\limits_{x\to\infty}\left[\left(1+\dfrac{2}{x}\right)^{\frac{x}{2}}\right]^2=\left[\lim\limits_{x\to\infty}\left(1+\dfrac{2}{x}\right)^{\frac{x}{2}}\right]^2=\mathrm{e}^2.$

例 1.3.6　求 $\lim\limits_{x\to 0}(1-x)^{\frac{1}{x}+3}$.

解: $\lim\limits_{x\to 0}(1-x)^{\frac{1}{x}+3}=\lim\limits_{x\to 0}(1-x)^{\frac{1}{x}}\cdot\lim\limits_{x\to 0}(1-x)^3=\lim\limits_{x\to 0}\left[(1+(-x))^{\frac{1}{-x}}\right]^{-1}\cdot 1=\mathrm{e}^{-1}.$

例 1.3.7 求 $\lim\limits_{x \to \infty}\left(\dfrac{x+1}{x-2}\right)^x$.

解:方法一:$\lim\limits_{x \to \infty}\left(\dfrac{x+1}{x-2}\right)^x = \lim\limits_{x \to \infty}\left(\dfrac{1+\dfrac{1}{x}}{1-\dfrac{2}{x}}\right)^x = \lim\limits_{x \to \infty}\dfrac{\left(1+\dfrac{1}{x}\right)^x}{\left(1-\dfrac{2}{x}\right)^x} = \dfrac{e}{e^{-2}} = e^3$.

方法二:$\lim\limits_{x \to \infty}\left(\dfrac{x+1}{x-2}\right)^x = \lim\limits_{x \to \infty}\left(1+\dfrac{3}{x-2}\right)^x = \lim\limits_{x \to \infty}\left(1+\dfrac{3}{x-2}\right)^{\frac{x-2}{3} \cdot \frac{3x}{x-2}} = e^3$.

1.3.3 无穷小量

定义 1.3.1 如果函数 $f(x)$ 在自变量的某一变化过程中以 0 为极限,则称函数 $f(x)$ 是该自变量变化过程中的**无穷小量**,简称为**无穷小**,记作 $\lim f(x) = 0$.

注意:

(1)一个函数是否为无穷小量,与其自变量的变化趋势有关. 例如,函数 $y = \sin x$,当 $x \to 0$ 时是无穷小,但当 $x \to \dfrac{\pi}{2}$ 时,它不是无穷小.

(2)无穷小是一个以 0 为极限的变量,不要把它与"很小的数""可以忽略不计的数"之类的常量概念混为一谈.

(3)除常数 0 可以作为无穷小量以外,其他任何常数即使其绝对值很接近 0,也不是无穷小量.

无穷小具有以下性质:

性质 1 有限个无穷小的代数和仍是无穷小.

性质 2 常数与无穷小的乘积仍是无穷小.

性质 3 有限个无穷小的乘积仍是无穷小.

性质 4 有界变量与无穷小的乘积仍是无穷小.

例 1.3.8 求 $\lim\limits_{x \to \infty}\dfrac{\sin x}{x}$.

解:$x \to \infty$ 时,$|\sin x| \leqslant 1$,所以 $\sin x$ 是有界变量.

又因为 $\lim\limits_{x \to \infty}\dfrac{1}{x} = 0$ 是无穷小量,根据性质 4 得 $\lim\limits_{x \to \infty}\dfrac{\sin x}{x} = \lim\limits_{x \to \infty}\sin x \cdot \dfrac{1}{x} = 0$.

1.3.4 无穷小量阶的比较

当 $x \to 0$ 时,$x, x^2, 2x^2$ 同样是无穷小量,但它们趋向于 0 的速度却是有快有慢(见表 1-3-1),为了比较两个无穷小量趋于 0 的速度,我们引入无穷小量的阶的概念.

表 1 - 3 - 1

x	1	0.1	0.01	0.001	…	0
x^2	1	0.01	0.000 1	0.000 001	…	0
$2x^2$	2	0.02	0.000 2	0.000 002	…	0

在以下定义中,极限符号下面没有标明自变量的变化过程,是指 $x \to x_0$, $x \to x_0^+$, $x \to x_0^-$, $x \to \infty$, $x \to +\infty$, $x \to -\infty$ 等各种变化过程都成立.

定义 1.3.2 　设 $\lim \alpha(x) = 0$, $\lim \beta(x) = 0$.

(1)如果 $\lim \dfrac{\alpha(x)}{\beta(x)} = 0$,则称 $\alpha(x)$ 是比 $\beta(x)$ **高阶的无穷小量**,记为 $\alpha = o(\beta)$. 这时,也称 $\beta(x)$ 是比 $\alpha(x)$ **低阶的无穷小量**.

(2)如果 $\lim \dfrac{\alpha(x)}{\beta(x)} = \infty$,则称 $\alpha(x)$ 是比 $\beta(x)$ **低阶的无穷小量**.

(3)如果 $\lim \dfrac{\alpha(x)}{\beta(x)} = C \neq 0$($C$ 为常数),则称 $\alpha(x)$ 与 $\beta(x)$ 为**同阶无穷小量**. 特别地,当 $C = 1$ 时,称 $\alpha(x)$ 与 $\beta(x)$ 为**等价无穷小量**,记为 $\alpha(x) \sim \beta(x)$.

例 1.3.9 　当 $x \to \infty$ 时,比较(1) $\dfrac{1}{x}$ 与 $\dfrac{1}{x^2}$;(2) $\dfrac{1}{x}$ 与 $\dfrac{2}{x}$ 的阶.

解:(1)因为 $\lim\limits_{x \to \infty} \dfrac{\frac{1}{x^2}}{\frac{1}{x}} = \lim\limits_{x \to \infty} \dfrac{1}{x} = 0$,所以当 $x \to \infty$ 时, $\dfrac{1}{x^2}$ 是比 $\dfrac{1}{x}$ 高阶的无穷小量;

(2)因为 $\lim\limits_{x \to \infty} \dfrac{\frac{1}{x}}{\frac{2}{x}} = \dfrac{1}{2}$,所以当 $x \to \infty$ 时, $\dfrac{1}{x}$ 是和 $\dfrac{2}{x}$ 同阶的无穷小量.

关于等价无穷小量在求极限时的应用,有以下定理.

定理 1.3.1(等价无穷小的替换定理) 　在自变量的同一变化过程中, $\alpha, \alpha', \beta, \beta'$ 都是无穷小量,且 $\alpha \sim \alpha'$, $\beta \sim \beta'$,当 $\lim \dfrac{\alpha'}{\beta'}$ 存在,则 $\lim \dfrac{\alpha}{\beta} = \lim \dfrac{\alpha'}{\beta'}$.

根据此定理,在求两个无穷小量之比 $\left(\dfrac{0}{0}\right)$ 的极限时,若此极限不容易求解,可将分子和分母使用等价无穷小量来替换,只要选择适当,可简化计算.

常见的等价无穷小量有(当 $x \to 0$ 时):

$\sin x \sim x$; $\tan x \sim x$; $\arcsin x \sim x$; $\arctan x \sim x$; $\ln(1+x) \sim x$; $\mathrm{e}^x - 1 \sim x$; $1 - \cos x \sim \dfrac{1}{2}x^2$; $(1+x)^\alpha - 1 \sim \alpha x$ ($\alpha \neq 0$).

例 1.3.10 求 $\lim\limits_{x \to 0} \dfrac{\sin 3x}{\tan 2x}$.

解：当 $x \to 0$ 时，$\sin 3x \sim 3x$，$\tan 2x \sim 2x$，所以

$$\lim_{x \to 0} \frac{\sin 3x}{\tan 2x} = \lim_{x \to 0} \frac{3x}{2x} = \frac{3}{2}.$$

例 1.3.11 求 $\lim\limits_{x \to 0} \dfrac{(x+3)(\mathrm{e}^x - 1)}{\arcsin 2x}$.

解：当 $x \to 0$ 时，$\mathrm{e}^x - 1 \sim x$，$\arcsin 2x \sim 2x$，所以

$$\lim_{x \to 0} \frac{(x+3)(\mathrm{e}^x - 1)}{\arcsin 2x} = \lim_{x \to 0} \frac{(x+3)x}{2x} = \lim_{x \to 0} \frac{x+3}{2} = \frac{3}{2}.$$

例 1.3.12 求 $\lim\limits_{x \to 0} \dfrac{\tan x - \sin x}{x^3}$.

解： $\lim\limits_{x \to 0} \dfrac{\tan x - \sin x}{x^3} = \lim\limits_{x \to 0} \dfrac{\tan x (1 - \cos x)}{x^3} = \lim\limits_{x \to 0} \dfrac{x \cdot \dfrac{x^2}{2}}{x^3} = \dfrac{1}{2}.$

注意：相乘（除）的无穷小量都可用各自的等价无穷小量替换，但是相加（减）的无穷小量不能作等价替换，例如

$$\lim_{x \to 0} \frac{\tan x - \sin x}{x^3} \neq \lim_{x \to 0} \frac{x - x}{x^3} = 0.$$

1.3.5 无穷大量

定义 1.3.3 如果在自变量的某一变化过程中，函数 $f(x)$ 的绝对值 $|f(x)|$ 无限增大，则称函数 $f(x)$ 是该自变量变化过程中的**无穷大量**，简称为**无穷大**，记作 $\lim f(x) = \infty$.

上述定义中，如果函数 $f(x)$ 只取正值（或只取负值），则称函数 $f(x)$ 为正无穷大量（或负无穷大量），可记作 $\lim f(x) = +\infty$（或 $\lim f(x) = -\infty$）.

注意：在自变量的某一变化过程中，函数趋于无穷，虽有变化趋势但极限不存在，此处记法是借用极限的记号.

1.3.6 无穷小量与无穷大量的关系

在自变量的同一变化过程中，

(1) 如果函数 $f(x)$ 是无穷大量，则函数 $\dfrac{1}{f(x)}$ 是无穷小量；

(2) 如果函数 $f(x)$ ($f(x) \neq 0$) 是无穷小量，则函数 $\dfrac{1}{f(x)}$ 是无穷大量.

习题 1.3

1. 求下列函数的极限.

$(1) \lim\limits_{x \to 0} \dfrac{\sin x}{x^3 + 3x}$;

$(2) \lim\limits_{x \to 0} \dfrac{\sin x}{\tan x}$;

$(3) \lim\limits_{x \to 0} \dfrac{x - \sin x}{x + \sin x}$;

$(4) \lim\limits_{x \to \pi} \dfrac{\sin x}{\pi - x}$;

$(5) \lim\limits_{x \to 0} x \cdot \sin \dfrac{1}{x}$;

$(6) \lim\limits_{x \to \infty} x \cdot \sin \dfrac{1}{x}$;

$(7) \lim\limits_{x \to \infty} \left(1 - \dfrac{1}{x}\right)^{3x}$;

$(8) \lim\limits_{x \to 0} (1 - x)^{\frac{2}{x} + 3}$;

$(9) \lim\limits_{x \to \infty} \left(\dfrac{x - 1}{x}\right)^{2x}$;

$(10) \lim\limits_{x \to \infty} \left(\dfrac{2x - 1}{2x + 1}\right)^{x}$.

2. 判断下列函数当 x 如何变化时为无穷小量.

$(1) y = \dfrac{x - 1}{x + 2}$;

$(2) y = \ln(x + 1)$.

3. 比较无穷小的阶.

$(1) x \to 1, 1 - \sqrt[3]{x}$ 和 $1 - \sqrt{x}$;

$(2) x \to 1, 1 - \cos x$ 和 $\dfrac{x^2}{2}$.

4. 求下列函数的极限.

$(1) \lim\limits_{x \to 0} \dfrac{1 - \cos^2 x}{\sin^2 x}$;

$(2) \lim\limits_{x \to 0} \dfrac{e^{2x} - 1}{3x}$;

$(3) \lim\limits_{x \to 0} \dfrac{\sqrt{1 - x} - 1}{\sin 3x}$;

$(4) \lim\limits_{x \to 0} \dfrac{(e^x - 1)\arctan x}{1 - \cos x}$.

§1.4   函数的连续性

现实生活中,许多变量的变化是连续的,如气温的变化、身高的增长等,都随时间连续不断变化. 这些现象反映到数学上,就是函数的连续性.

1.4.1   函数的连续性

定义 1.4.1   设函数 $y = f(x)$ 在点 x_0 的某个邻域内有定义,记 $\Delta x = x - x_0$,称为自变量在点 x_0 处的改变量(或增量),相应地,记 $\Delta y = f(x) - f(x_0) = f(x_0 + \Delta x)$

$-f(x_0)$,称为**函数在点 x_0 处的改变量**(或增量). 如果

$$\lim_{\Delta x \to 0} \Delta y = 0,$$

则称函数 $y = f(x)$ 在**点 x_0 处连续**.

因为 $\quad\quad\quad\quad \lim_{\Delta x \to 0} \Delta y = \lim_{x \to x_0}(f(x) - f(x_0)) = 0.$

可以得到函数 $y = f(x)$ 在点 x_0 处连续的一个等价定义:

定义 1.4.2 设函数 $y = f(x)$ 在点 x_0 的某个邻域内有定义,如果

$$\lim_{x \to x_0} f(x) = f(x_0),$$

则称函数 $y = f(x)$ 在点 x_0 处连续.

结合函数左、右极限的概念,可以给出左、右连续的概念. 如果 $\lim\limits_{x \to x_0^-} f(x) = f(x_0)$,则称函数 $y = f(x)$ 在点 x_0 处**左连续**;如果 $\lim\limits_{x \to x_0^+} f(x) = f(x_0)$,则称函数 $y = f(x)$ 在点 x_0 处**右连续**.

显然,函数 $y = f(x)$ 在点 x_0 处连续的充分必要条件为函数 $y = f(x)$ 在点 x_0 处既左连续又右连续.

由连续的定义可知,$f(x)$ 在点 x_0 连续必须满足:

(1)$f(x)$ 在点 x_0 有定义;

(2)$\lim\limits_{x \to x_0} f(x)$ 存在;

(3)$\lim\limits_{x \to x_0} f(x) = f(x_0)$.

例 1.4.1 讨论函数 $f(x) = \begin{cases} \dfrac{\sin x}{x} & (x > 0) \\ x + 1 & (x \leq 0) \end{cases}$ 在 $x = 0$ 处的连续性.

解:因为 $\lim\limits_{x \to 0^+} f(x) = \lim\limits_{x \to 0^+} \dfrac{\sin x}{x} = 1$, $\lim\limits_{x \to 0^-} f(x) = \lim\limits_{x \to 0^-}(x + 1) = 1$,

$\lim\limits_{x \to 0^+} f(x) = \lim\limits_{x \to 0^-} f(x) = 1$,所以函数 $f(x)$ 在 $x = 0$ 极限存在且极限值为 1.

又因为 $f(0) = 1$,即 $\lim\limits_{x \to 0} f(x) = f(0)$,所以函数 $f(x)$ 在 $x = 0$ 处连续.

1.4.2 初等函数的连续性

如果函数在开区间 (a, b) 内每一点处都连续,则称函数在**开区间 (a, b) 内连续**;如果函数在开区间 (a, b) 内连续,在点 a 处右连续,在点 b 处左连续,则称函数在**闭区间 $[a, b]$ 上连续**. 从几何图形上看,连续函数的图像是一条可以一笔画出来的曲线.

连续函数的和、差、积、商仍是连续函数. 连续函数的复合函数仍是连续函数. 根据初等函数的概念可得:

定理 1.4.1   初等函数在其定义区间内是连续的.

例 1.4.2   求极限 $\lim\limits_{x \to 2} \dfrac{2x-3}{x^2-1}$.

解：$x=2$ 是函数 $f(x)=\dfrac{2x-3}{x^2-1}$ 定义区间内的点，且该函数是初等函数. 故有

$$\lim_{x \to 2} \frac{2x-3}{x^2-1} = \frac{2x-3}{x^2-1} \bigg|_{x=2} = \frac{1}{3}.$$

1.4.3   函数的间断点及其分类

定义 1.4.3   如果函数 $y=f(x)$ 在点 x_0 处不连续，则称函数 $y=f(x)$ 在点 x_0 处间断，点 x_0 称为函数 $y=f(x)$ 的**间断点**.

由连续的定义可知，$f(x)$ 在点 x_0 有下列三种情况之一，即为间断点：

(1) $f(x)$ 在点 x_0 没有定义；

(2) $\lim\limits_{x \to x_0} f(x)$ 不存在；

(3) 虽然 $f(x)$ 在点 x_0 有定义，$\lim\limits_{x \to x_0} f(x)$ 也存在，但 $\lim\limits_{x \to x_0} f(x) \neq f(x_0)$.

找出函数的间断点后，可以进行分类.

1. 第一类间断点

左、右极限都存在的间断点，称为**第一类间断点**. 其中，左、右极限存在并相等的间断点，称为**可去间断点**；左、右极限存在但不相等的间断点，称为**跳跃间断点**.

例 1.4.3   函数 $f(x)=\dfrac{x^2-1}{x-1}$ 在 $x=1$ 处没有定义，$x=1$ 就是它的间断点，又因为 $\lim\limits_{x \to 1} \dfrac{x^2-1}{x-1}=2$，所以 $x=1$ 是函数 $f(x)=\dfrac{x^2-1}{x-1}$ 的可去间断点.

例 1.4.4   函数 $f(x)=\begin{cases} x-1 & (x<0) \\ 0 & (x=0) \\ x+1 & (x>0) \end{cases}$ 在 $x=0$ 处有 $\lim\limits_{x \to 0^-} f(x) = \lim\limits_{x \to 0^-} (x-1) =$
-1，$\lim\limits_{x \to 0^+} f(x) = \lim\limits_{x \to 0^+} (x+1) = 1$，左、右极限存在但不相等，因此 $x=0$ 是函数 $f(x)$ 的跳跃间断点.

2. 第二类间断点

左、右极限至少有一个不存在的间断点，称为**第二类间断点**.

例 1.4.5   函数 $f(x)=\tan x$ 在 $x=\dfrac{\pi}{2}$ 处的左、右极限都不存在，且极限为 ∞，这样的间断点称为**无穷间断点**.

例 1.4.6 函数 $f(x)=\sin\dfrac{1}{x}$ 在 $x=0$ 处没有定义,当 $x\to0$ 时,函数值在 $[-1,1]$ 范围内变动无限多次,所以 $x=0$ 称为函数的**振荡间断点**.

1.4.4 闭区间上连续函数的性质

定理 1.4.2(最值定理) 设函数 $f(x)$ 在闭区间 $[a,b]$ 上连续,则 $f(x)$ 在 $[a,b]$ 上必有最大值与最小值.

定理 1.4.3(介值定理) 设函数 $f(x)$ 在闭区间 $[a,b]$ 上连续,M 和 m 分别是 $f(x)$ 在 $[a,b]$ 上的最大值和最小值,则对于任意 $C\in[m,M]$,至少存在一点 $\xi\in[a,b]$,使得
$$f(\xi)=C.$$

推论(零点存在定理) 设函数 $f(x)$ 在闭区间 $[a,b]$ 上连续,且 $f(a)\cdot f(b)<0$,则至少存在一点 $\xi\in(a,b)$,使得 $f(\xi)=0$,如图 1-4-1 所示.

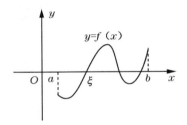

图 1-4-1

例 1.4.7 证明方程 $x^3-4x^2+1=0$ 在区间 $(0,1)$ 内至少有一个根.

证明:令 $f(x)=x^3-4x^2+1$,则 $f(x)$ 在闭区间 $[0,1]$ 上连续,且 $f(0)\cdot f(1)=-2<0$,根据零点存在定理可知至少存在一个 $\xi\in(0,1)$,使得 $f(\xi)=0$,即方程 $x^3-4x^2+1=0$ 在区间 $(0,1)$ 内至少有一个根.

 习题 1.4

1. 讨论函数 $f(x)=\begin{cases}\dfrac{\sin x}{x} & (x<0)\\ 1 & (x=0)\\ e^{-x} & (x>0)\end{cases}$ 在 $x=0$ 点处的连续性.

2. 设函数 $f(x)=\begin{cases}e^x & (x\leqslant0)\\ a+x & (x>0)\end{cases}$,当 a 取何值时,$f(x)$ 在区间 $(-\infty,+\infty)$ 内连

续?

3. 找出下列函数的间断点,并判断其类型.

(1) $f(x) = \dfrac{x-1}{x+3}$;

(2) $y = \dfrac{x+3}{x^2-9}$;

(3) $y = e^{\frac{1}{x-1}}$;

(4) $y = \begin{cases} 2x+1 & (x<0) \\ 0 & (x=0). \\ 2x-1 & (x>0) \end{cases}$

4. 证明方程 $x^5 + x - 1 = 0$ 至少有一个不大于 1 的正根.

§1.5　多元函数的概念、极限与连续

1.5.1　多元函数

在实际问题中,经常会遇到一个变量依赖于多个变量的情况,如正圆锥体的体积 V 和它的高 h 及底面半径 r 之间的关系 $V = \dfrac{1}{3}\pi r^2 h$;一定量的理想气体的压强 P、体积 V 和绝对温度 T 之间的关系 $P = \dfrac{RT}{V}$,其中 R 为常数.

以上两个关系式,虽然来自不同的实际问题,但都说明在一定的条件下三个变量之间存在着一种依赖关系,这种关系给出了一个变量与另外两个变量之间的对应法则.依照这个法则,当两个变量在允许的范围内取定一组数时,另一个变量有唯一确定的值与之对应.由这些共性便可得到以下二元函数的定义.

定义 1.5.1　设 D 是平面上的一个区域,如果对于 D 内任意一点 $P(x,y)$,变量 z 按照某一对应法则 f 总有唯一确定的值与之对应,则称 z 是变量 x、y 的**二元函数** (或称 z 是点 P 的函数),记作

$$z = f(x,y), (x,y) \in D \text{ 或 } z = f(P), P \in D.$$

其中,点集 D 称为函数的**定义域**;x,y 称为**自变量**;z 称为**因变量**;数集 $\{z \mid z = f(x, y), (x,y) \in D\}$ 称为该函数的值域. z 是 x,y 的函数,也可记为 $z = z(x,y)$. 将自变量的个数大于等于 2 的函数统称为**多元函数**. 与一元函数一样,定义域和对应法则也

是多元函数的两个要素.

例 1.5.1　求下列函数的定义域.

(1)$z=\sqrt{x^2+y^2-4}$;　　　　　　　　　(2)$z=\ln(x+y)$.

解:(1)要使 $z=\sqrt{x^2+y^2-4}$ 有意义,必须有 $x^2+y^2-4\geqslant0$,

所以定义域为 $\{(x,y)\,|\,x^2+y^2\geqslant4\}$.

(2)要使 $z=\ln(x+y)$ 有意义,必须有 $x+y>0$,所以定义域为 $\{(x,y)\,|\,x+y>0\}$.

通常 $z=f(x,y)$ 的图形是一张曲面,函数 $f(x,y)$ 的定义域 D 便是该曲面在 xOy 面上的投影(见图 1-5-1).例如,函数 $\dfrac{x^2}{a^2}+\dfrac{y^2}{a^2}-\dfrac{z^2}{b^2}=0$ 的图形是一个旋转抛物面(见图 1-5-2).

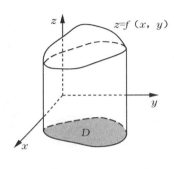

图 1-5-1

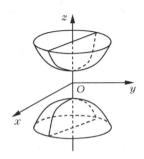

图 1-5-2

1.5.2　二元函数的极限

设二元函数 $z=f(x,y)$ 定义在平面点集 D 上,讨论当点 $P(x,y)\rightarrow P_0(x_0,y_0)$,即点 $x\rightarrow x_0$,$y\rightarrow y_0$ 时函数 $z=f(x,y)$ 的极限.

这里 $P(x,y)\rightarrow P_0(x_0,y_0)$ 是指点 P 以任意方式趋于 P_0,即两点 P 与 P_0 之间的距离趋于零,也就是

$$|P_0P|=\sqrt{(x-x_0)^2+(y-y_0)^2}\rightarrow0.$$

与一元函数的极限概念类似,给出二元函数极限的概念.

定义 1.5.2　设二元函数 $z=f(x,y)$ 的定义域为 D 且在 $U(P_0,\delta)$ 有定义(可以在 P_0 点没有定义),其中 $P_0=P(x_0,y_0)$.如果在 $P(x,y)\rightarrow P_0(x_0,y_0)$ 的过程中,$P(x,y)$ 所对应的函数值 $f(x,y)$ 无限接近于一个常数 A,则称当 $P(x,y)\rightarrow P_0(x_0,y_0)$ 时,函数 $z=f(x,y)$ 以 A 为极限,记为

$$\lim_{(x,y)\rightarrow(x_0,y_0)}f(x,y)=A \text{ 或 } \lim_{\substack{x\rightarrow x_0\\y\rightarrow y_0}}f(x,y)=A,$$

也记作 $\lim\limits_{P \to P_0} f(P) = A$. 二元函数的极限也称为**二重极限**.

例 1.5.2　求 $\lim\limits_{(x,y) \to (0,0)} (x+y) \sin \dfrac{1}{x^2+y^2}$.

解：因为 $\lim\limits_{(x,y) \to (0,0)} (x+y) = 0$，而 $\left| \sin \dfrac{1}{x^2+y^2} \right| \leqslant 1$，利用有界函数与无穷小的乘积是无穷小，即知

$$\lim_{(x,y) \to (0,0)} (x+y) \sin \frac{1}{x^2+y^2} = 0.$$

例 1.5.3　求极限 $\lim\limits_{\substack{x \to 0 \\ y \to 0}} \dfrac{\sin(x^2 y)}{x^2+y^2}$.

解：$\lim\limits_{\substack{x \to 0 \\ y \to 0}} \dfrac{\sin(x^2 y)}{x^2+y^2} = \lim\limits_{\substack{x \to 0 \\ y \to 0}} \dfrac{\sin(x^2 y)}{x^2 y} \cdot \dfrac{x^2 y}{x^2+y^2}$.

根据重要极限公式 $\lim\limits_{\substack{x \to 0 \\ y \to 0}} \dfrac{\sin(x^2 y)}{x^2 y} \xlongequal{u = x^2 y} \lim\limits_{u \to 0} \dfrac{\sin u}{u} = 1$，

且　　　　　$\left| \dfrac{x^2 y}{x^2+y^2} \right| = \dfrac{1}{2} \left| \dfrac{2xy}{x^2+y^2} \cdot x \right| \leqslant \dfrac{1}{2} |x| \xrightarrow{x \to 0} 0$，

所以　　　　　　　　　　$\lim\limits_{\substack{x \to 0 \\ y \to 0}} \dfrac{\sin(x^2 y)}{x^2+y^2} = 0.$

如果 P 以某种特殊方式趋近于 P_0 时，函数 $f(x,y)$ 的极限不存在，或者当 P 沿两个特殊方式趋近于 P_0 时，函数 $f(x,y)$ 分别无限接近于两个不同的常数，则函数在该点二重极限不存在.

例 1.5.4　讨论 $f(x,y) = \dfrac{xy}{x^2+y^2}$ 当 $(x,y) \to (0,0)$ 时是否存在极限.

解：当点 (x,y) 沿着直线 $y = kx$ 趋于 $(0,0)$ 时，有

$$\lim_{\substack{(x,y) \to (0,0) \\ y = kx}} \frac{xy}{x^2+y^2} = \lim_{x \to 0} \frac{kx^2}{x^2+k^2 x^2} = \frac{k}{1+k^2}.$$

其值因 k 而异，因此当 $(x,y) \to (0,0)$ 时，$f(x,y) = \dfrac{xy}{x^2+y^2}$ 的极限不存在.

1.5.3　二元函数的连续

仿照一元函数，可以得出二元函数连续性的定义.

定义 1.5.3　设二元函数 $z = f(x,y)$ 的定义域为 D，$P_0(x_0, y_0)$ 是 D 内一点，如果

$$\lim_{(x,y) \to (x_0, y_0)} f(x,y) = f(x_0, y_0),$$

则称二元函数 $z=f(x,y)$ 在 P_0 点连续.

若函数 $f(x,y)$ 在 D 上每一点都连续,则称 **$f(x,y)$ 在 D 上连续,或称 $f(x,y)$ 是 D 上的连续函数**. 在某个区域内连续的二元函数在几何上是一张完整的空间曲面.

若 $f(x,y)$ 在 P_0 点不连续,则称 P_0 是函数 $f(x,y)$ 的**间断点**. 二元函数除了有间断点,还有间断线. 例如,函数 $f(x,y)=\dfrac{x-y}{x-y^2}$ 在曲线 $x=y^2$ 上间断.

例 1.5.5 求 $\lim\limits_{(x,y)\to(0,0)}\dfrac{xy}{\sqrt{xy+1}-1}$,并判断在 $(0,0)$ 点是否连续.

解: $\lim\limits_{(x,y)\to(0,0)}\dfrac{xy}{\sqrt{xy+1}-1}=\lim\limits_{(x,y)\to(0,0)}\dfrac{xy(\sqrt{xy+1}+1)}{xy+1-1}=\lim\limits_{(x,y)\to(0,0)}\sqrt{xy+1}+1=2.$

但是它在 $(0,0)$ 是间断的,函数在该点没有定义.

例 1.5.6 考察函数 $f(x,y)=\begin{cases}\dfrac{xy}{x^2+y^2} & (x,y)\neq(0,0)\\ 0 & (x,y)=(0,0)\end{cases}$,在点 $(0,0)$ 是否连续.

解: 由例 1.5.4 可知函数 $f(x,y)$ 在 $(0,0)$ 点没有极限,因而在 $(0,0)$ 点是间断的.

类似于闭区间上一元连续函数的性质,在有界闭区域上的多元连续函数具有以下几个重要性质:

性质 1(最值定理) 在有界闭区域上连续的多元函数,在该区域上有最大值与最小值.

性质 2(介值定理) 在有界闭区域上连续的多元函数,必能取得介于最大值与最小值之间的任何值.

 **习题 1.5**

1. 求下列函数的定义域,并作出定义域的草图.

(1) $z=\dfrac{x^2+y^2}{x^2-y^2}$;   (2) $z=\ln x+\ln y$;

(3) $z=\dfrac{\arcsin(3-x^2-y^2)}{\sqrt{x-y^2}}$;   (4) $z=\sqrt{\sin(x^2+y^2)}$.

2. 求下列各极限.

(1) $\lim\limits_{(x,y)\to(1,2)}\dfrac{x+y}{xy}$;   (2) $\lim\limits_{(x,y)\to(1,0)}\dfrac{\ln(x+e^y)}{\sqrt{x^2+y^2}}$;

(3) $\lim\limits_{(x,y)\to(0,0)}(x^2+y^2)\sin\dfrac{1}{x^2+y^2}$;　　(4) $\lim\limits_{(x,y)\to(0,2)}\dfrac{\sin(xy)}{x}$.

3. 求下列函数的间断点.

(1) $\sin\dfrac{1}{x+y}$;　　　　　　　　(2) $\tan(x^2+y^2)$.

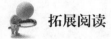 **拓展阅读**

"校园贷"的真相

校园贷是近年校园及各大社会舆论的热门话题之一. 曾有新闻报道河南某高校的一名在校大学生,用自己身份以及冒用同学的身份,从不同的校园金融平台获得无抵押信用贷款高达数十万元,当无力偿还时跳楼自杀. 类似的新闻时常见诸报纸、网络.

为了杜绝类似惨剧的发生,除了健全法规、核正金融机构资质的同时,还需要加强大学生的金融思想教育. 首先,学生要明白金融机构宣传的利息是日利率、月利率还是年利率. 其次,学生要明白校园贷一般采取等额本息贷款的方式,但是又不像银行等额本息贷款一样每期本金递减. 再次,学生要弄清是利息加服务费(或中介费、咨询费),这些费用占贷款额的10%~20%不等;还是无息贷款,只有服务费(按照下单金额、分期期数和芝麻信用分自动计算),但这些说法都是换汤不换药的广告宣传. 最后,学生要知道滞纳金费率超高,如果采取拆东墙补西墙的方式,欠款金额更是翻倍上升.

下面,我们就一起来算一算校园贷到底利息有多高,通过计算做到心里有数.

若某人需要贷款1万元,打算分12期还清,分别用银行等额本息、网络现金贷(月利率为0.78%)和某借呗(日利率万分之四)计算他的利息总额以及每月还款额.

人民币贷款基准利率表

项　　目	年利率(%)
一、短期贷款	
一年以内(含一年)	4.35
二、中长期贷款	
一年至五年(含五年)	4.75
五年以上	4.90

（1）银行等额本息贷款

等额本息贷款指每个月还款额是固定的,本金比重逐月递增、利息比重逐月递减.

分析:假设某人贷款额为 A 元,月利率为 β,总期数即还款月数为 m,月还款金额为

第一个月欠款额 $=A(1+\beta)-X$

第二个月欠款额 $=A(1+\beta)^2-X[1+(1+\beta)]$

第三个月欠款额 $=A(1+\beta)^3-X[1+(1+\beta)+(1+\beta)^2]$

…

第 n 个月欠款额 $=A(1+\beta)^n-X[1+(1+\beta)+(1+\beta)^2+\cdots+(1+\beta)^{n-1}]$

$$=A(1+\beta)^n-X\frac{1-(1+\beta)^n}{1-(1+\beta)}=A(1+\beta)^n-X\frac{(1+\beta)^n-1}{\beta}$$

因为最后要求 m 期还清贷款,即 $n=m$ 时上式等于零. 可以整理出,每月还款额为

$$X=\frac{A\beta(1+\beta)^m}{(1+\beta)^m-1}.$$

根据已知条件,$\beta=4.35\%\div12=0.362\,5\%$,代入上式得

$$X=\frac{10\,000\times0.362\,5\%\times(1+0.362\,5\%)^{12}}{(1+0.362\,5\%)^{12}-1}=853.1(元)$$

利息总额 $=853.1\times12-10\,000=237.2(元)$

（2）某网络现金贷

年利率 $=0.78\%\times12=9.36\%$

根据该现金平台计算的每月还款额 911.33 元,计算利息总额为

利息总额 $=911.33\times12-10\,000=935.96(元)$

（3）某借呗

借呗目前一般有两种还款形式:先息后本和每月等额. 先息后本是前期只需要还

利息,到期还本金. 每月等额是每月还款额度一样,即等额本息. 先息后本方式总利息明显高于每月等额方式. 所以,我们按照利息较少的每月等额方式计算.

由已知条件得知每月(按每月 30 天计算)利率:$\beta=0.04\%\times30=1.2\%$,

所以,每月还款金额:$X=\dfrac{10\ 000\times1.2\%\times(1+1.2\%)^{12}}{(1+1.2\%)^{12}-1}=899.75(元)$

利息总额$=899.75\times12-10\ 000=797(元)$

由以上计算,我们做对比表如下:

表 1

名　　称	每月还款额(元)	利息总额(元)
某网络现金贷	911.33	935.96
某借呗	899.75	797.00
银行贷款	853.10	237.17

表 2

名　　称	日利率	月利率	年利率
某网络现金贷	0.026%	0.78%	9.36%
某借呗	0.04%	1.2%	14.4%
银行贷款	0.012%	0.362 5%	4.35%

通过表 1、表 2 可以发现,某网络现金贷利率比借呗低,但是利息却比借呗高.

通过计算,提醒大家不要轻易相信"校园贷"宣传的内容,同时,提醒大家控制欲望,避免贷款消费.

第二章　导数及微分

在实际中,建立变量之间的函数关系后,经常会遇到研究函数的变化率问题,如物体的运动速度、电流强度、经济增长率、人口增长率等,这些都可以用导数表示. 导数反映函数相对于自变量的变化快慢程度,微分表示自变量有微小改变时相应的函数改变量的近似值. 导数与微分是微积分的重要组成部分. 本章主要讨论导数与微分的概念、计算方法,以及应用导数来研究函数的一些性态,并利用这些知识解决一些实际问题.

§2.1　导数的概念

2.1.1　引例

1. 非恒定电流的电流强度

设某电路中非恒定电流从 0 到 t_0 时刻的时间内流过导体截面的电量记为 $Q(t)$,求其在 $t=t_0$ 时刻的瞬时电量强度 $i(t_0)$.

当时间由 t_0 改变到 $t_0+\Delta t$ 时,电量的改变量为 $\Delta Q(t_0)=Q(t_0+\Delta t)-Q(t_0)$,于是在 t_0 到 $t_0+\Delta t$ 这段时间内的平均电流强度 $\bar{i}(t_0)=\dfrac{\Delta Q(t_0)}{\Delta t}=\dfrac{Q(t_0+\Delta t)-Q(t_0)}{\Delta t}$,当 Δt 越小,平均电流强度就越接近瞬时电流强度. 当 $\Delta t \to 0$ 时,如果极限 $\lim\limits_{\Delta t \to 0}\bar{i}(t_0)$ 存在,此极限就应是 t_0 时刻的瞬时电流强度,即

$$i(t_0)=\lim_{\Delta t \to 0}\bar{i}(t_0)=\lim_{\Delta t \to 0}\frac{\Delta Q(t_0)}{\Delta t}=\lim_{\Delta t \to 0}\frac{Q(t_0+\Delta t)-Q(t_0)}{\Delta t}.$$

2. 曲线上一点切线的斜率

设函数 $y=f(x)$ 的图形如图 2-1-1 所示,$M(x_0,y_0)$ 为曲线 C 上一定点. 求曲线在点 M 处的切线的斜率.

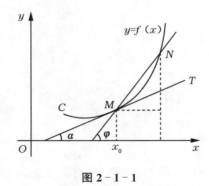

图 2 - 1 - 1

在曲线 C 上点 M 附近取一点 $N(x_0+\Delta x,y_0+\Delta y)$ 作割线 MN,设其倾角为 φ. 由图 2 - 1 - 1 可知,此割线的斜率为 $\tan\varphi=\dfrac{\Delta y}{\Delta x}=\dfrac{f(x_0+\Delta x)-f(x_0)}{\Delta x}$.

当 $\Delta x\to 0$ 时,动点 N 将沿曲线 C 趋向于定点 M,从而割线 MN 也随之变动并趋向于极限位置——直线 MT. 我们称直线 MT 为曲线 C 在点 M 处的**切线**. 显然,此时倾角 φ 趋向于切线 MT 的倾角 α. 即切线 MT 的斜率为

$$\tan\alpha=\lim_{\Delta x\to 0}\tan\varphi \lim_{\Delta x\to 0}\frac{\Delta y}{\Delta x}=\lim_{\Delta\to 0}\frac{f(x_0+\Delta x)-f(x_0)}{\Delta x}.$$

上面两个例子,虽然实际意义不同,但都归结为求函数改变量与自变量的改变量之比的极限,抽象出它们在数学上的共性,就是导数的概念.

2.1.2 导数的概念

1. 导数的定义

定义 2.1.1 设函数 $y=f(x)$ 在点 x_0 的某一邻域内有定义,当自变量 x 在 x_0 处有改变量 $\Delta x(\Delta\neq 0)$ 时,函数 $f(x)$ 相应的改变量为 $\Delta y=f(x_0+\Delta x)-f(x_0)$.

如果当 $\Delta x\to 0$ 时,$\dfrac{\Delta y}{\Delta x}$ 的极限存在,即

$$\lim_{\Delta x\to 0}\frac{\Delta y}{\Delta x}=\lim_{\Delta x\to 0}\frac{f(x_0+\Delta x)-f(x_0)}{\Delta x}$$

存在,则称函数 $y=f(x)$ 在点 x_0 处**可导**,并称此极限值为 $f(x)$ 在**点 x_0 处的导数**,记为

$$f'(x_0),y'\big|_{x=x_0},\frac{\mathrm{d}y}{\mathrm{d}x}\bigg|_{x=x_0},\frac{\mathrm{d}f(x)}{\mathrm{d}x}\bigg|_{x=x_0}\quad\text{或}\quad\frac{\mathrm{d}}{\mathrm{d}x}f(x)\bigg|_{x=x_0}.$$

即

$$f'(x_0)=\lim_{\Delta x\to 0}\frac{\Delta y}{\Delta x}=\lim_{\Delta\to 0}\frac{f(x_0+\Delta x)-f(x_0)}{\Delta x}.$$

如果极限不存在,就称函数 $y=f(x)$ 在点 x_0 处**不可导**.

如果令 $x_0 + \Delta x = x$，则 $\Delta x = x - x_0$，于是当 $\Delta x \rightarrow 0$ 时，有 $x \rightarrow x_0$，则 $f'(x_0)$ 也可以表示为

$$f'(x_0) = \lim_{x \to x_0} \frac{f(x) - f(x_0)}{x - x_0}.$$

定义 2.1.2　若函数 $y = f(x)$ 在区间 (a, b) 内每一点都可导，则称函数在区间内可导，此时对于区间 (a, b) 内每一个 x 都有一个确定的导数值与之相对应构成新的函数，称为 $y = f(x)$ 的**导函数**（简称为**导数**），记作 $f'(x)$，也可记为 y'，$\dfrac{\mathrm{d}y}{\mathrm{d}x}$，$\dfrac{\mathrm{d}f(x)}{\mathrm{d}x}$，即

$$f'(x) = \lim_{\Delta x \to 0} \frac{\Delta y}{\Delta x} = \lim_{\Delta x \to 0} \frac{f(x + \Delta x) - f(x)}{\Delta x}.$$

函数 $y = f(x)$ 在 x_0 处的导数 $f'(x_0)$ 就是导函数 $f'(x)$ 在 x_0 处的函数值．

例 2.1.1　已知函数 $f(x)$ 在 $x = 1$ 可导，且 $f'(1) = 3$，求极限．

(1) $\displaystyle\lim_{\Delta x \to 0} \frac{f(1 + 2\Delta x) - f(1)}{\Delta x}$；

(2) $\displaystyle\lim_{h \to 0} \frac{f(1 + h) - f(1 - h)}{h}$．

解：(1) $\displaystyle\lim_{\Delta x \to 0} \frac{f(1 + 2\Delta x) - f(1)}{\Delta x} = 2 \lim_{\Delta x \to 0} \frac{f(1 + 2\Delta x) - f(1)}{2\Delta x} = 2f'(1) = 6$；

(2) $\displaystyle\lim_{h \to 0} \frac{f(1 + h) - f(1 - h)}{h} = \lim_{h \to 0} \frac{f(1 + h) - f(1) + f(1) - f(1 - h)}{h}$

$$= \lim_{h \to 0} \frac{f(1 + h) - f(1)}{h} + \lim_{h \to 0} \frac{f(1 - h) - f(1)}{-h}$$

$$= f'(1) + f'(1) = 2f'(1) = 6.$$

2. 左、右导数

由于导数的实质是极限，由左、右极限的概念，可以得到左、右导数的概念．如果极限 $\displaystyle\lim_{\Delta x \to 0^-} \frac{\Delta y}{\Delta x} = \lim_{\Delta x \to 0^-} \frac{f(x_0 + \Delta x) - f(x_0)}{\Delta x}$，$\displaystyle\lim_{\Delta x \to 0^+} \frac{\Delta y}{\Delta x} = \lim_{\Delta x \to 0^+} \frac{f(x_0 + \Delta x) - f(x_0)}{\Delta x}$ 存在，则这两个极限分别对应函数 $f(x)$ 在点 x_0 处的**左导数**和**右导数**，记为 $f'_-(x_0)$ 和 $f'_+(x_0)$．

根据左、右极限的性质，有以下定理．

定理 2.1.1　函数 $y = f(x)$ 在点 x_0 处可导的充分必要条件是 $f(x)$ 在点 x_0 的左、右导数存在且相等，即 $f'_+(x_0) = f'_-(x_0)$．

2.1.3　基本求导公式

由定义 2.1.2 可知，求导数 $f'(x)$ 可以分为三个步骤：

第 1 步,求改变量 $\Delta y = f(x + \Delta x) - f(x)$;

第 2 步,算比值 $\dfrac{\Delta y}{\Delta x} = \dfrac{f(x + \Delta x) - f(x)}{\Delta x}$;

第 3 步,取极限 $y' = \lim\limits_{\Delta x \to 0} \dfrac{\Delta y}{\Delta x} = \lim\limits_{\Delta x \to 0} \dfrac{f(x + \Delta x) - f(x)}{\Delta x}$.

例 2.1.2   求函数 $y = x^2$ 的导函数及在 $x = 1$ 处的导数.

解:(1)$\Delta y = f(x + \Delta x) - f(x) = (x + \Delta x)^2 - x^2 = 2x\Delta x + (\Delta x)^2$;

(2)$\dfrac{\Delta y}{\Delta x} = 2x + \Delta x$;

(3)$f'(x) = \lim\limits_{\Delta x \to 0} \dfrac{\Delta y}{\Delta x} = \lim\limits_{\Delta x \to 0} (2x + \Delta x) = 2x$.

即 $f'(x) = 2x$,故 $f'(1) = 2x|_{x=1} = 2$.

用同样的方法,可以求出基本初等函数的导数:

(1)$C' = 0(C$ 为常数); 　　　　　　(2)$(x^\mu)' = \mu x^{\mu-1}(\mu$ 为实数);

(3)$(\log_a x)' = \dfrac{1}{x \ln a}$; 　　　　　　(4)$(\ln x)' = \dfrac{1}{x}$;

(5)$(a^x)' = a^x \ln a$; 　　　　　　(6)$(\mathrm{e}^x)' = \mathrm{e}^x$;

(7)$(\sin x)' = \cos x$; 　　　　　　(8)$(\cos x)' = -\sin x$;

(9)$(\tan x)' = \dfrac{1}{\cos^2 x} = \sec^2 x$; 　　　　(10)$(\cot x)' = -\dfrac{1}{\sin^2 x} = -\csc^2 x$;

(11)$(\sec x)' = \sec x \tan x$; 　　　　(12)$(\csc x)' = -\csc x \cot x$;

(13)$(\arcsin x)' = \dfrac{1}{\sqrt{1-x^2}}$; 　　　　(14)$(\arccos x)' = -\dfrac{1}{\sqrt{1-x^2}}$;

(15)$(\arctan x)' = \dfrac{1}{1+x^2}$; 　　　　(16)$(\text{arccot} x)' = -\dfrac{1}{1+x^2}$.

例 2.1.3   求 $f(x) = \sqrt{x}$ 和 $g(x) = 2^{-x}$ 的导数.

解:(1)$f'(x) = (x^{\frac{1}{2}})' = \dfrac{1}{2} x^{\frac{1}{2}-1} = \dfrac{1}{2} x^{-\frac{1}{2}} = \dfrac{1}{2\sqrt{x}}$;

(2)$g'(x) = (2^{-x})' = \left[\left(\dfrac{1}{2} \right)^x \right]' = \left(\dfrac{1}{2} \right)^x \ln \dfrac{1}{2}$.

2.1.4　导数的几何意义

由引例可知,函数 $y = f(x)$ 在点 x_0 处的导数 $f'(x_0)$ 表示曲线 $y = f(x)$ 在点 (x_0, y_0) 处的切线斜率,即 $k = f'(x_0) = \tan\alpha(\alpha$ 为切线的倾斜角),这就是导数的几何意义.

曲线 $y=f(x)$ 在点 (x_0,y_0) 处的切线方程为

$$y-y_0=f'(x_0)(x-x_0).$$

如果 $f'(x_0)\neq 0$,则过点 (x_0,y_0) 的法线方程为

$$y-y_0=-\frac{1}{f'(x_0)}(x-x_0).$$

例 2.1.4 求双曲线 $y=\dfrac{1}{x}$ 在点 $\left(\dfrac{1}{2},2\right)$ 处的切线方程和法线方程.

解:所求切线的斜率为 $k=\left(\dfrac{1}{x}\right)'\Big|_{x=\frac{1}{2}}=\left(-\dfrac{1}{x^2}\right)\Big|_{x=\frac{1}{2}}=4$;

切线方程为 $y-2=4\left(x-\dfrac{1}{2}\right)$,即 $4x+y-4=0$;

法线方程为 $y-2=-\dfrac{1}{4}\left(x-\dfrac{1}{2}\right)$,即 $2x-8y+15=0$.

2.1.5 可导与连续的关系

定理 2.1.2 如果函数 $y=f(x)$ 在点 x_0 处可导,则函数 $f(x)$ 在 x_0 处连续.

这个定理的逆命题不成立. 如果函数 $y=f(x)$ 在点 x_0 处连续,不一定可导. 也就是说,函数 $f(x)$ 在点 x_0 处连续是它在该点处可导的必要条件,但不是充分条件.

例 2.1.5 证明函数 $y=|x|$ 在 $x=0$ 处连续,但它在 $x=0$ 处不可导.

证明:因为

$$\Delta y=f(0+\Delta x)-f(0)=|0+\Delta x|-|0|=|\Delta x|,$$

于是

$$\lim_{\Delta x\to 0}\Delta y=\lim_{\Delta\to 0}|\Delta x|=0,$$

故函数 $y=|x|$ 在 $x=0$ 处连续.

$$\lim_{\Delta x\to 0^+}\frac{\Delta y}{\Delta x}=\lim_{\Delta x\to 0^+}\frac{|\Delta x|}{\Delta x}=\lim_{\Delta x\to 0^+}\frac{\Delta x}{\Delta x}=1,$$

$$\lim_{\Delta x\to 0^-}\frac{\Delta y}{\Delta x}=\lim_{\Delta x\to 0^-}\frac{|\Delta x|}{\Delta x}=\lim_{\Delta x\to 0^-}\frac{-\Delta x}{\Delta x}=-1,$$

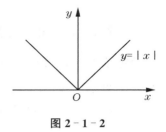

图 2-1-2

故极限 $\lim\limits_{\Delta x\to 0}\dfrac{\Delta y}{\Delta x}$ 不存在,所以函数 $y=|x|$ 在 $x=0$ 处不可导,从图像上看,曲线 $y=|x|$ 在点 $x=0$ 处没有切线,见图 2-1-2.

 **习题 2.1**

1. 下列各题中,设 $f'(x_0)$ 存在,利用导数定义求下列极限.

(1) $\lim\limits_{h \to 0} \dfrac{f(x_0+h)-f(x_0)}{h}$;   (2) $\lim\limits_{h \to 0} \dfrac{f(x_0+2h)-f(x_0)}{h}$;

(3) $\lim\limits_{h \to 0} \dfrac{f(x_0+2h)-f(x_0-2h)}{h}$;   (4) $\lim\limits_{\Delta x \to 0} \dfrac{f(x_0-2\Delta x)-f(x_0)}{\Delta x}$.

2. 已知曲线 $y = \dfrac{x^2}{4}$ 的一条切线的斜率为 $\dfrac{1}{2}$,求切点的横坐标.

3. 设函数 $f(x) = \begin{cases} x^2 & (x \leqslant 1) \\ ax+b & (x > 1) \end{cases}$,且 $f(x)$ 在 $x=1$ 处既连续又可导,求 a,b 的值.

4. 电路中某点处的电流 $i(t)$ 是通过该点处的电量 $Q(t)$ 关于时间的瞬时变化率,设在时间 t 内流过导线某一固定 $Q(t)=4t^3-2t+7$ 横截面的电量,求电流强度函数 $i(t)$.

5. 求曲线 $y = \dfrac{1}{\sqrt{x}}$ 在点 $(1,1)$ 处的切线方程和法线方程.

§2.2 导数的运算法则

2.2.1 函数的和、差、积、商的求导法则

定理 2.2.1   设函数 $u=u(x)$ 与 $v=v(x)$ 在点 x 处可导,则它们的和、差、积、商在点 x 处也可导,且有

(1) $[u(x) \pm v(x)]' = u'(x) \pm v'(x)$;

(2) $[u(x)v(x)]' = u'(x)v(x) + u(x)v'(x)$;

(3) $\left[\dfrac{u(x)}{v(x)}\right]' = \dfrac{u'(x)v(x)-u(x)v'(x)}{v^2(x)}$ $(v(x) \neq 0)$.

推论 1 $[Cu(x)]' = C \cdot u'(x)$.

推论 2 $[u_1 \pm u_2 \pm \cdots \pm u_n]' = u_1' \pm u_2' \pm \cdots \pm u_n'$.

推论 3 $[uvw]' = u'vw + uv'w + uvw'$.

例 2.2.1 $f(x)=x^3+4\cos x-\sin\dfrac{\pi}{2}$，求 $f'(x)$ 及 $f'\left(\dfrac{\pi}{2}\right)$.

解：$f'(x)=(x^3)'+(4\cos x)'-\left(\sin\dfrac{\pi}{2}\right)'=3x^2-4\sin x$；

$f'\left(\dfrac{\pi}{2}\right)=\dfrac{3}{4}\pi^2-4.$

例 2.2.2 求 $y=x^2\sin x+\sqrt{x}\cos x$ 的导数.

解：$y'=(x^2\sin x)'+(\sqrt{x}\cos x)'$

$\qquad =(x^2)'\sin x+x^2(\sin x)'+(\sqrt{x})'\cos x+\sqrt{x}(\cos x)'$

$\qquad =2x\sin x+x^2\cos x+\dfrac{1}{2\sqrt{x}}\cos x-\sqrt{x}\sin x.$

例 2.2.3 求 $y=\tan x$ 的导数.

解：$y'=(\tan x)'=\left(\dfrac{\sin x}{\cos x}\right)'=\dfrac{(\sin x)'\cos x-\sin x(\cos x)'}{\cos^2 x}$

$\qquad =\dfrac{\cos^2 x+\sin^2 x}{\cos^2 x}=\dfrac{1}{\cos^2 x}=\sec^2 x.$

即 $\quad(\tan x)'=\sec^2 x.$

2.2.2 复合函数的求导法则

定理 2.2.2 如果函数 $u=\varphi(x)$ 在点 x 处可导，而函数 $y=f(u)$ 在对应的点 u 处可导，那么复合函数 $y=f[\varphi(x)]$ 在点 x 处也可导，且有

$$\frac{\mathrm{d}y}{\mathrm{d}x}=\frac{\mathrm{d}y}{\mathrm{d}u}\cdot\frac{\mathrm{d}u}{\mathrm{d}x}\quad\text{或}\quad y'_x=y'_u\cdot u'_x.$$

以上法则可以推广到有限次复合的情形.

例如，设 $y=f(u),u=\varphi(v),v=\psi(x)$ 都可导，则复合函数 $y=f\{\varphi[\psi(x)]\}$ 对 x 的导数为

$$\frac{\mathrm{d}y}{\mathrm{d}x}=\frac{\mathrm{d}y}{\mathrm{d}u}\cdot\frac{\mathrm{d}u}{\mathrm{d}v}\cdot\frac{\mathrm{d}v}{\mathrm{d}x}\quad\text{或}\quad y'_x=y'_u\cdot u'_v\cdot v'_x.$$

例 2.2.4 设 $y=(2x+5)^4$，求 $\dfrac{\mathrm{d}y}{\mathrm{d}x}$.

解：设 $y=u^4,u=2x+5$，则

$\dfrac{\mathrm{d}y}{\mathrm{d}x}=\dfrac{\mathrm{d}y}{\mathrm{d}u}\cdot\dfrac{\mathrm{d}u}{\mathrm{d}x}=(u^4)'_u\cdot(2x+5)'_x=4u^3\cdot 2=8u^3=8(2x+5)^3.$

例 2.2.5 求 $y=\ln(1-x)$ 的导数.

解：设 $y=\ln u,u=1-x$，则

$$\frac{\mathrm{d}y}{\mathrm{d}x}=(\ln u)' \cdot (1-x)'=\frac{1}{u} \cdot (-1)=\frac{1}{x-1}.$$

对复合函数的分解比较熟练后就不必写出中间变量.

例 2.2.6　求函数 $y=\sin^2 x$ 的导数.

解：$y'=(\sin^2 x)'=2\sin x(\sin x)'=2\sin x\cos x=\sin 2x$.

例 2.2.7　$y=f(\sin\sqrt{x})$，求 y'.

解：$y'=f'(\sin\sqrt{x}) \cdot [(\sin\sqrt{x})]'=f'(\sin\sqrt{x}) \cdot \cos\sqrt{x} \cdot (\sqrt{x})'$

$$=\frac{f'(\sin\sqrt{x}) \cdot \cos\sqrt{x}}{2\sqrt{x}}.$$

2.2.3　隐函数的导数

前文涉及的函数都是能明显表示为关系式 $y=f(x)$ 的**显函数**. 如果变量 x 和 y 的关系式隐藏在方程 $F(x,y)=0$ 中，则称 y 是 x 的**隐函数**. 有的隐函数可以化为显函数，而有的隐函数很难或是不能化为显函数，下面给出隐函数的求导方法.

例 2.2.8　求由方程 $x^2+y^2=1$ 所确定函数的导数.

解：把 y 看作是 x 的函数，两端同时对自变量 x 求导，利用复合函数的求导法则，得到

$$2x+2yy'=0,$$

解出 y'，得

$$y'=-\frac{x}{y}.$$

从例题中，我们得出隐函数的求导步骤：

第 1 步，方程两边同时对 x 求导数，注意把 y 当作 x 的函数；

第 2 步，从求导后的方程中解出 y'，求导结果中允许含有 y.

例 2.2.9　求由方程 $y=\cos(x+y)$ 确定函数的导数 $\frac{\mathrm{d}y}{\mathrm{d}x}$.

解：方程两边同时对 x 求导，$y'=-\sin(x+y)(1+y')$.

整理得 $y'=\dfrac{-\sin(x+y)}{1+\sin(x+y)}$，$1+\sin(x+y)\neq 0$.

例 2.2.10　已知方程 $xy+\mathrm{e}^y=\mathrm{e}$，求 $y'(0)$.

解：方程两端同时对 x 求导，得

$$y+xy'+\mathrm{e}^y \cdot y'=0,$$

整理得

$$y'=-\frac{y}{x+\mathrm{e}^y}.$$

因为 $x=0$ 时 $y=1$.

所以
$$y'(0) = -\frac{y}{x + e^y}\Big|_{\substack{x=0 \\ y=1}} = -\frac{1}{e}.$$

2.2.4 对数求导法

对于一些特殊函数,如**幂指函数** $y = u(x)^{v(x)}$,以及多个因子乘积构成的函数,可以通过两边取对数,化为隐函数,从而求出导数 y',这种方法称为**对数求导法**.

例 2.2.11 求 $y = x^{\sin x}$ 的导数.

解:两边取对数,得
$$\ln y = \sin x \cdot \ln x.$$

方程两边对 x 求导,注意 y 是 x 的函数,得
$$\frac{y'}{y} = \cos x \cdot \ln x + \sin x \cdot \frac{1}{x},$$

于是
$$y' = x^{\sin x}\left(\cos x \cdot \ln x + \frac{\sin x}{x}\right).$$

例 2.2.12 求函数 $y = \sqrt{\dfrac{(x+2)^3}{(x^2+1)(x-1)}}$ 的导数.

解:方程两边取对数,化简得
$$\ln y = \frac{1}{2}\left[3\ln(x+2) - \ln(x^2+1) - \ln(x-1)\right],$$

方程两边对 x 求导,得
$$\frac{y'}{y} = \frac{1}{2}\left(\frac{3}{x+2} - \frac{2x}{x^2+1} - \frac{1}{x-1}\right),$$

即 $y' = \dfrac{1}{2}\left(\dfrac{3}{x+2} - \dfrac{2x}{x^2+1} - \dfrac{1}{x-1}\right)\sqrt{\dfrac{(x+3)^2}{(x^2+1)(x-1)}}.$

2.2.5 高阶导数

一般地,如果函数 $y = f(x)$ 的导函数 $f'(x)$ 仍是 x 的可导函数,就称 $f'(x)$ 的导数为函数 $y = f(x)$ 的二阶导数. 记为 y'',$f''(x)$ 或 $\dfrac{\mathrm{d}^2 y}{\mathrm{d}x^2}$.

相应地,把 $y = f(x)$ 的二阶导数的导数称为 $y = f(x)$ 的三阶导数,三阶导数的导数称为四阶导数,……,二阶及二阶以上的导数称为 $f(x)$ 的 **n 阶导数**,分别记为
$$y''', y^{(4)}, \cdots, y^{(n)}; \text{或} f'''(x), f^{(4)}(x), \cdots, f^{(n)}(x); \text{或} \frac{\mathrm{d}^3 y}{\mathrm{d}x^3}, \frac{\mathrm{d}^4 y}{\mathrm{d}x^4}, \cdots, \frac{\mathrm{d}^n y}{\mathrm{d}x^n}.$$

二阶及二阶以上导数统称为**高阶导数**. 显然,求高阶导数并不需要新的方法,只需要逐阶求导,直到所要求的阶数即可.

例 2.2.13 $y=\sin^2 x$,求 y''.

解：$y'=2\sin x\cos x=\sin 2x$；

$y''=\cos 2x\cdot 2=2\cos 2x$.

例 2.2.14 $y=a_0 x^n+a_1 x^{n-1}+\cdots+a_{n-1}x+a_n$,求高阶导数 $y^{(n)}$,$y^{(n+1)}$.

解：$y'=a_0 nx^{n-1}+a_1(n-1)x^{n-2}+\cdots+a_{n-1}$；

$y''=a_0 n(n-1)x^{n-2}+a_1(n-1)(n-2)x^{n-3}+\cdots+2a_{n-2}$；

...

$y^{(n)}=a_0 n!$；

$y^{(n+1)}=0$.

可见，多项式函数每经过一次求导运算，多项式的次数就降低一次，n 次多项式函数的一切高于 n 阶的导数都是零.

例 2.2.15   求 $y=\sin x$ 的 n 阶导数.

解：$y'=\cos x=\sin\left(x+\dfrac{\pi}{2}\right)$；

$y''=\cos\left(x+\dfrac{\pi}{2}\right)=\sin\left[\left(x+\dfrac{\pi}{2}\right)+\dfrac{\pi}{2}\right]=\sin\left(x+\dfrac{2\cdot\pi}{2}\right)$；

$y'''=\cos\left(x+\dfrac{2\cdot\pi}{2}\right)=\sin\left[\left(x+\dfrac{2\cdot\pi}{2}\right)+\dfrac{\pi}{2}\right]=\sin\left(x+\dfrac{3\cdot\pi}{2}\right)$；

依此类推，可得

$$(\sin x)^{(n)}=\sin\left(x+\dfrac{n\cdot\pi}{2}\right).$$

同法，可得

$$(\cos x)^{(n)}=\cos\left(x+\dfrac{n\cdot\pi}{2}\right).$$

 习题 2.2

1. 求下列各函数的导数.

(1) $y=3x^2+2$；

(2) $y=\dfrac{x^5+\sqrt{x}}{x^2}$；

(3) $y=x^2-\dfrac{3}{x}+\sqrt{x}+\ln 2$；

(4) $y=\sin\dfrac{x}{2}\cos\dfrac{x}{2}$；

(5) $y=(1-\sqrt{x})\left(1+\dfrac{1}{\sqrt{x}}\right)$；

(6) $y=\mathrm{e}^x\sin x$；

$(7) y = \dfrac{\cos x}{x}$；

$(8) y = \dfrac{1 - e^x}{1 + e^x}$.

2. 求下列函数的导数.

$(1) y = (3x - 4)^2$；

$(2) y = \ln(1 - 2x)$；

$(3) y = \sin \dfrac{1}{x}$；

$(4) y = \cos \sqrt{x}$；

$(5) y = \arctan e^x$；

$(6) y = e^{\sin x}$；

$(7) y = e^{-\frac{x}{2}} \cos 3x$；

$(8) y = \dfrac{\sin 2x}{(2x + 1)^2}$；

$(9) y = f(\ln x)$；

$(10) y = f(f(x))$；

$(11) y = \tan(x + y)$；

$(12) x^3 + y^3 = 6xy$；

$(13) y = x^{\sin x}$；

$(14) y = \dfrac{\sqrt{x - 2}}{(x + 1)^3 (4 - x)^2}$.

3. 求各阶导数.

$(1) y = (2x - 1)^5$，求 $y^{(5)}$ 与 $y^{(6)}$；

$(2) f(x) = \ln \dfrac{1 + x}{1 - x}$，求 $f''(0)$；

(3)求函数 $y = \dfrac{1}{1 - x}$ 的 n 阶导数并计算 $f^{(n)}(0)$.

§2.3　函数的微分

2.3.1　微分的概念

引例(正方形金属薄片面积的增量)　一块正方形金属薄片受温度变化的影响,其边长由 x_0 变到 $x_0 + \Delta x$,问此薄片的面积改变了多少?

设此薄片的边长为 x,面积为 S,则 S 是 x 的函数 $S = x^2$. 当边长 x 自 x_0 取得增量 Δx 时,面积 S 相应取得增量:

$$\Delta S = (x_0 + \Delta x)^2 - x_0^2 = 2x_0 \Delta x + (\Delta x)^2.$$

由上式(如图 2-3-1)可见,ΔS 分成两部分:一部分 $2x_0 \Delta x$ 是 Δx 的线性函数,且 $2x_0$ 是 $S = x^2$ 在 x_0 的导数;另一部分 $(\Delta x)^2$ 是当 $\Delta x \to 0$ 时,比 Δx 高阶的无穷小,即 $(\Delta x)^2 = o(\Delta x)$.

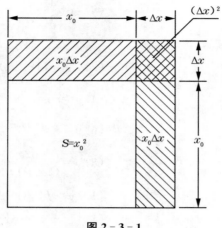

图 2 - 3 - 1

由此,引入函数微分的概念.

定义 2.3.1 设函数 $y=f(x)$ 在某区间内有定义,$x_0+\Delta x$ 及 x_0 在该区间内,如果函数的增量

$$\Delta y=f(x_0+\Delta x)-f(x_0)$$

可表示为

$$\Delta y=f'(x_0)\Delta x+o(\Delta x),$$

其中,$o(\Delta x)$ 是比 Δx 高阶的无穷小,那么称函数 $y=f(x)$ 在点 x_0 是可微的,而 $f'(x_0)\Delta x$ 称为函数 $y=f(x)$ 在点 x_0 相应于自变量增量 Δx 的微分,记作 $\mathrm{d}y$,即

$$\mathrm{d}y=f'(x_0)\Delta x.$$

定理 2.3.1 函数 $f(x)$ 在点 x_0 可微的充分必要条件是函数 $f(x)$ 在点 x_0 可导.

定义 2.3.2 函数 $y=f(x)$ 在任意点 x 的微分,称为**函数的微分**,记作 $\mathrm{d}y$ 或 $\mathrm{d}f(x)$,即

$$\mathrm{d}y=f'(x)\Delta x.$$

其中,因为 $\mathrm{d}x=x'\Delta x=\Delta x$,所以 $\mathrm{d}y=f'(x)\mathrm{d}x$. 因而导数也称为微商,即 $f'(x)=\dfrac{\mathrm{d}y}{\mathrm{d}x}$.

例 2.3.1 求函数 $y=x^2$ 当 $x=3,\Delta x=0.02$ 时的微分.

解:因为 $\mathrm{d}y=(x^2)'\Delta x=2x\Delta x$,

所以 $\mathrm{d}y\big|_{x=3,\Delta x=0.02}=0.12$.

例 2.3.2 求函数 $y=\mathrm{e}^x$ 在点 $x=0$ 和 $x=1$ 处的微分.

解:$\mathrm{d}y\big|_{x=0}=(\mathrm{e}^x)'\big|_{x=0}\mathrm{d}x=\mathrm{d}x$;

$\mathrm{d}y\big|_{x=1}=(\mathrm{e}^x)'\big|_{x=1}\mathrm{d}x=\mathrm{e}\mathrm{d}x.$

2.3.2 微分运算法则

由 $\mathrm{d}y=f'(x)\mathrm{d}x$，很容易得到微分的运算法则及基本微分公式.

1. 基本微分公式

$(1)\mathrm{d}(x^{\mu})=\mu x^{\mu-1}\mathrm{d}x$；
　　$(2)\mathrm{d}(a^{x})=a^{x}\ln a\,\mathrm{d}x$；

$(3)\mathrm{d}(\mathrm{e}^{x})=\mathrm{e}^{x}\mathrm{d}x$；
　　$(4)\mathrm{d}(\log_{a}x)=\dfrac{1}{x\ln a}\mathrm{d}x$；

$(5)\mathrm{d}(\ln x)=\dfrac{1}{x}\mathrm{d}x$；
　　$(6)\mathrm{d}(\sin x)=\cos x\,\mathrm{d}x$；

$(7)\mathrm{d}(\cos x)=-\sin x\,\mathrm{d}x$；
　　$(8)\mathrm{d}(\tan x)=\sec^{2}x\,\mathrm{d}x$；

$(9)\mathrm{d}(\cot x)=-\csc^{2}x\,\mathrm{d}x$；
　　$(10)\mathrm{d}(\sec x)=\sec x\tan x\,\mathrm{d}x$；

$(11)\mathrm{d}(\csc x)=-\csc x\cot x\,\mathrm{d}x$；
　　$(12)\mathrm{d}(\arcsin x)=\dfrac{1}{\sqrt{1+x^{2}}}\mathrm{d}x$；

$(13)\mathrm{d}(\arccos x)=-\dfrac{1}{\sqrt{1+x^{2}}}\mathrm{d}x$；
　　$(14)\mathrm{d}(\arctan x)=\dfrac{1}{1+x^{2}}\mathrm{d}x$；

$(15)\mathrm{d}(\mathrm{arccot}x)=-\dfrac{1}{1+x^{2}}\mathrm{d}x$.

2. 微分运算法则

$(1)\mathrm{d}(u\pm v)=\mathrm{d}u+\mathrm{d}v$；

$(2)\mathrm{d}(u\cdot v)=v\mathrm{d}u+u\mathrm{d}v,\mathrm{d}(Cu)=C\mathrm{d}u$；

$(3)\mathrm{d}\left(\dfrac{u}{v}\right)=\dfrac{v\mathrm{d}u-u\mathrm{d}v}{v^{2}}$.

3. 微分形式的不变性

与复合函数的求导法则类似,相应的复合函数的微分法则可推导如下:

设 $y=f(u)$ 及 $u=\varphi(x)$ 都可导,则复合函数 $y=f[\varphi(x)]$ 的微分为
$$\mathrm{d}y=y'_{x}\mathrm{d}x=f'(u)\varphi'(x)\mathrm{d}x,$$
由于 $\varphi'(x)\mathrm{d}x=\mathrm{d}u$,上式也可以写成
$$\mathrm{d}y=f'(u)\mathrm{d}u.$$

由此可见,无论 u 是自变量还是中间变量,微分形式 $\mathrm{d}y=y'(u)\mathrm{d}u$ 保持不变.
这一性质称为**微分形式不变性**.

例 2.3.3 设 $y=\cos\sqrt{x}$,求 $\mathrm{d}y$.

解：$\mathrm{d}y=(\cos\sqrt{x})'\mathrm{d}x=-\sin\sqrt{x}\,\mathrm{d}\sqrt{x}=-\dfrac{1}{2\sqrt{x}}\sin\sqrt{x}\,\mathrm{d}x$.

习题 2.3

1. 在括号中填入适当的函数,使等式成立(不计任意常数 C).

(1) $2dx = d(\quad)$；　　　　　　(2) $3x\,dx = d(\quad)$；

(3) $\dfrac{1}{1+u}du = d(\quad)$；　　　　(4) $\cos t\,dt = d(\quad)$；

(5) $\sin 3x\,dx = d(\quad)$；　　　　(6) $\dfrac{1}{x^2}dx = d(\quad)$；

(7) $\dfrac{1}{\sqrt{x}}dx = d(\quad)$；　　　　(8) $\dfrac{1}{\cos^2 x}dx = d(\quad)$；

(9) $e^{-3x}dx = d(\quad)$.

2. 求下列函数的微分.

(1) $y = \arcsin\sqrt{1-x^2}$；　　　　(2) $y = \ln(1+e^x)$.

§2.4　多元函数的偏导数及微分

2.4.1　偏导数的概念

1. 偏导数的定义

在一元函数中,通过研究函数的变化率引入了导数概念,对于多元函数,同样需要研究函数的因变量对自变量的变化率问题.

定义 2.4.1　设函数 $z = f(x,y)$ 在点 (x_0,y_0) 的某一邻域内有定义,当 y 固定在 y_0 而 x 在 x_0 处有增量 Δx 时,相应的函数有增量 $f(x_0+\Delta x,y_0)-f(x_0,y_0)$,如果

$$\lim_{\Delta x \to 0}\frac{f(x_0+\Delta x,y_0)-f(x_0,y_0)}{\Delta x}$$

存在,则称此极限为函数 $z = f(x,y)$ 在点 (x_0,y_0) 处**对 x 的偏导数**,记作

$$\frac{\partial z}{\partial x}\bigg|_{(x_0,y_0)},\ \frac{\partial f}{\partial x}\bigg|_{(x_0,y_0)},\ z'_x(x_0,y_0) \text{或} f'_x(x_0,y_0).$$

即　　　　$f'_x(x_0,y_0) = \lim_{\Delta x \to 0}\dfrac{f(x_0+\Delta x,y_0)-f(x_0,y_0)}{\Delta x}$.

同理,函数 $z = f(x,y)$ 在点 (x_0,y_0) 处**对 y 的偏导数**定义为

$$f'_y(x_0, y_0) = \lim_{\Delta y \to 0} \frac{f(x_0, y_0 + \Delta y) - f(x_0, y_0)}{\Delta y},$$

亦可记作 $\dfrac{\partial z}{\partial y}\Big|_{(x_0, y_0)}$，$\dfrac{\partial f}{\partial y}\Big|_{(x_0, y_0)}$，$z'_y(x_0, y_0)$.

如果函数 $z = f(x, y)$ 在区域 D 内每一点 (x, y) 处对 x 的偏导数都存在，那么这个仍含有 x, y 的偏导数，称为函数 $z = f(x, y)$ **对 x 的偏导函数**，记作 $\dfrac{\partial z}{\partial x}$，$\dfrac{\partial f}{\partial x}$，$z'_x$ 或 $f'_x(x, y)$，

即

$$f'_x(x, y) = \lim_{\Delta x \to 0} \frac{f(x + \Delta x, y) - f(x, y)}{\Delta x}.$$

同理，也可以定义函数 $z = f(x, y)$ **对 y 的偏导函数**，记作 $\dfrac{\partial z}{\partial y}$，$\dfrac{\partial f}{\partial y}$，$z'_y$ 或 $f'_y(x, y)$，

即

$$f'_y(x, y) = \lim_{\Delta y \to 0} \frac{f(x, y + \Delta y) - f(x, y)}{\Delta y}.$$

由偏导函数的定义可知，求 $\dfrac{\partial f}{\partial x}$ 时，只要把 (x, y) 暂时看作常量而对 x 求导数即可；求 $\dfrac{\partial f}{\partial y}$ 时，只要把 x 暂时看作常量而对 y 求导数即可．同样，也有偏导数 $f'_x(x_0, y_0) = f'_x(x, y)|_{(x_0, y_0)}$，$f'_y(x_0, y_0) = f'_y(x, y)|_{(x_0, y_0)}$．与一元函数的导函数一样，在不易混淆的地方也把偏导函数简称为**偏导数**．

二元以上的函数的偏导数可类似定义．

例如，三元函数 $u = f(x, y, z)$ 在点 (x, y, z) 处对 x 的偏导数可定义为

$$f'_x(x, y, z) = \lim_{\Delta x \to 0} \frac{f(x + \Delta x, y, z) - f(x, y, z)}{\Delta x}.$$

例 2.4.1　设 $f(x, y) = x^3 + 2x^2 y - y^3$，求 $f'_x(1, 3)$，$f'_y(1, 3)$.

解：方法一，先求出偏导函数 $f'_x(x, y)$ 和 $f'_y(x, y)$，再求偏导函数在点 $(1, 3)$ 的函数值．

$$f'_x(x, y) = 3x^2 + 4xy,$$
$$f'_y(x, y) = 2x^2 - 3y^2,$$

所以　　　　　　　　　　$f'_x(1, 3) = 15$，$f'_y(1, 3) = -25$.

方法二，由导函数的定义可知，$f'_x(1, 3)$ 是计算当 $y = 3$ 时一元函数 $f(x, 3)$ 在 $x = 1$ 处的导数．

$$f(x, 3) = x^3 + 6x^2 - 27,$$

所以 $\qquad f'_x(1,3)=\dfrac{\mathrm{d}f(x,3)}{\mathrm{d}x}\bigg|_{x=1}=(3x^2+12x)|_{x=1}=15.$

类似地，$f'_y(1,3)$ 是计算一元函数 $f(1,y)$ 在 $y=3$ 处的导数.

$$f(1,y)=1+2y-y^3,$$

所以 $\qquad f'_y(1,3)=\dfrac{\mathrm{d}f(1,y)}{\mathrm{d}y}\bigg|_{y=3}=(2-3y^2)|_{y=3}=-25.$

例 2.4.2 求二元函数 $z=\arctan\dfrac{y}{x}$ 的偏导数.

解：对 x 求偏导数时，把 y 看作常数，则

$$\frac{\partial z}{\partial x}=\frac{1}{1+\left(\dfrac{y}{x}\right)^2}\cdot\left(-\frac{y}{x^2}\right)=-\frac{y}{x^2+y^2};$$

对 y 求偏导数时，把 x 看作常数，则

$$\frac{\partial z}{\partial y}=\frac{1}{1+\left(\dfrac{y}{x}\right)^2}\cdot\frac{1}{x}=\frac{x}{x^2+y^2}.$$

例 2.4.3 已知理想气体的状态方程是 $PV=RT$（R 为常数），求证 $\dfrac{\partial P}{\partial V}\cdot\dfrac{\partial V}{\partial T}\cdot\dfrac{\partial T}{\partial P}=-1.$

证明：

$$\frac{\partial P}{\partial V}=\frac{\partial}{\partial V}\left(\frac{RT}{V}\right)=-\frac{RT}{V^2},$$

$$\frac{\partial V}{\partial T}=\frac{\partial}{\partial T}\left(\frac{RT}{P}\right)=\frac{R}{P},$$

$$\frac{\partial T}{\partial P}=\frac{\partial}{\partial P}\left(\frac{PV}{R}\right)=\frac{V}{R},$$

故 $\qquad \dfrac{\partial P}{\partial V}\cdot\dfrac{\partial V}{\partial T}\cdot\dfrac{\partial T}{\partial P}=-\dfrac{RT}{V^2}\cdot\dfrac{R}{P}\cdot\dfrac{V}{R}=-\dfrac{RT}{PV}=-1.$

本例不难说明偏导数的记号 $\dfrac{\partial P}{\partial V},\dfrac{\partial V}{\partial T},\dfrac{\partial T}{\partial P}$ 是一个整体，不能像一元函数的导数 $\dfrac{\mathrm{d}y}{\mathrm{d}x}$ 那样看成分子与分母之商，否则将导致 $\dfrac{\partial P}{\partial V}\cdot\dfrac{\partial V}{\partial T}\cdot\dfrac{\partial T}{\partial P}=1$ 的错误结论.

2. 偏导数的几何意义

在空间直角坐标系中，二元函数 $z=f(x,y)$ 的图像是一个空间曲面 S. 根据偏导数的定义，$f_x(x_0,y_0)$ 就是把 y 固定在 y_0，一元函数 $f(x,y_0)$ 在 x_0 点的导数. 而在空间几何上，一元函数 $z=f(x,y_0)$ 表示曲面 S 与平面 $y=y_0$ 的交线 C_1：$\begin{cases}z=f(x,y)\\y=y_0\end{cases}$. 由一元函数导数的几何意义知，$f_x(x_0,y_0)$ 就是曲线 C_1 在点 $P_0(x_0,$

$y_0, f(x_0, y_0))$ 处的切线 $P_0 T_x$ 对 x 轴的斜率,即 $P_0 T_x$ 与 x 轴正向所成倾角的正切 $\tan\alpha$,如图 $2-4-1$ 所示.

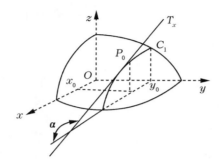

图 $2-4-1$

同理,$f_y(x_0, y_0)$ 表示曲面 S 与平面 $x=x_0$ 的交线 $C_2:\begin{cases} z=f(x, y) \\ x=x_0 \end{cases}$,是在点 P_0 处的切线 $P_0 T_y$ 对 y 轴的斜率 $\tan\beta$,如图 $2-4-2$ 所示.

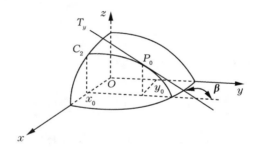

图 $2-4-2$

3. 偏导数与连续的关系

若一元函数 $y=f(x)$ 在点 x_0 处可导,则 $f(x)$ 必在点 x_0 处连续.但对于二元函数 $z=f(x, y)$ 来讲,即使在点 (x_0, y_0) 处的两个偏导数都存在,也不能保证函数 $f(x, y)$ 在点 (x_0, y_0) 处连续.这是因为偏导数 $f'_x(x_0, y_0)$,$f'_y(x_0, y_0)$ 存在只能保证一元函数 $z=f(x, y_0)$ 和 $z=f(x_0, y)$ 分别在 x_0 和 y_0 处连续,不能保证 (x, y) 以任何方式趋于 (x_0, y_0) 时,函数 $f(x, y)$ 都趋于 $f(x_0, y_0)$.

例 2.4.4 求二元函数 $f(x, y)=\begin{cases} \dfrac{xy}{x^2+y^2} & (x, y)\neq(0, 0) \\ 0 & (x, y)=(0, 0) \end{cases}$

在点 $(0, 0)$ 处的偏导数,并讨论它在点 $(0, 0)$ 处的连续性.

解:点$(0,0)$是函数$f(x,y)$的分界点,类似于一元函数,分段函数分界点处的偏导数要用定义去求.

$$f'_x(0,0)=\lim_{\Delta x\to 0}\frac{f(0+\Delta x,0)-f(0,0)}{\Delta x}=\lim_{\Delta x\to 0}\frac{0-0}{\Delta x}=0,$$

又由于函数关于自变量x,y是对称的,故$f'_y(0,0)=0$.

由多元函数连续的定义可知,$\lim\limits_{(x,y)\to(0,0)}\dfrac{xy}{x^2+y^2}$不存在,所以$f(x,y)$在点$(0,0)$处不连续.

当然,即使$z=f(x,y)$在点(x_0,y_0)处连续也不能保证$f(x,y)$在点(x_0,y_0)的偏导数存在.

例 2.4.5   讨论函数$f(x,y)=\sqrt{x^2+y^2}$在点$(0,0)$处的偏导数与连续性.

解:因为$f(x,y)=\sqrt{x^2+y^2}$是多元初等函数,它的定义域是R^2,而$(0,0)\in R^2$,因此$f(x,y)=\sqrt{x^2+y^2}$在点$(0,0)$处连续.

但$f_x(0,0)=\lim\limits_{\Delta x\to 0}\dfrac{f(0+\Delta x,0)-f(0,0)}{\Delta x}=\lim\limits_{\Delta x\to 0}\dfrac{|\Delta x|}{\Delta x}$不存在. 由函数关于自变量的对称性知,$f_y(0,0)$也不存在.

2.4.2   二阶偏导数

与一元函数类似,函数$z=f(x,y)$的偏导数$\dfrac{\partial z}{\partial x}=f'_x(x,y)$,$\dfrac{\partial z}{\partial y}=f'_y(x,y)$仍是$x,y$的二元函数,且这两个函数的偏导数也存在,则称它们是函数$z=f(x,y)$的**二阶偏导数**.

按照对变量求导次序的不同,有下列四个二阶偏导数:

$$\frac{\partial}{\partial x}\left(\frac{\partial z}{\partial x}\right)=\frac{\partial^2 z}{\partial x^2}=f''_{xx}(x,y); \qquad\qquad \frac{\partial}{\partial y}\left(\frac{\partial z}{\partial x}\right)=\frac{\partial^2 z}{\partial x\partial y}=f''_{xy}(x,y);$$

$$\frac{\partial}{\partial x}\left(\frac{\partial z}{\partial y}\right)=\frac{\partial^2 z}{\partial y\partial x}=f''_{yx}(x,y); \qquad\qquad \frac{\partial}{\partial y}\left(\frac{\partial z}{\partial y}\right)=\frac{\partial^2 z}{\partial y^2}=f''_{yy}(x,y).$$

二阶偏导数$\dfrac{\partial^2 z}{\partial x\partial y}$,$\dfrac{\partial^2 z}{\partial y\partial x}$中既有对$x$也有对$y$的偏导数,称为**混合偏导数**.

例 2.4.6   求函数$z=\mathrm{e}^{x+2y}$的所有二阶偏导数.

解:由于

$$\frac{\partial z}{\partial x}=\mathrm{e}^{x+2y},\frac{\partial z}{\partial y}=2\mathrm{e}^{x+2y},$$

因此有

$$\frac{\partial^2 z}{\partial x^2}=\frac{\partial}{\partial x}\left(\frac{\partial z}{\partial x}\right)=\frac{\partial}{\partial x}(\mathrm{e}^{x+2y})=\mathrm{e}^{x+2y},\quad \frac{\partial^2 z}{\partial x \partial y}=\frac{\partial}{\partial y}\left(\frac{\partial z}{\partial x}\right)=\frac{\partial}{\partial y}(\mathrm{e}^{x+2y})=2\mathrm{e}^{x+2y},$$

$$\frac{\partial^2 z}{\partial y \partial x}=\frac{\partial}{\partial x}\left(\frac{\partial z}{\partial y}\right)=\frac{\partial}{\partial x}(2\mathrm{e}^{x+2y})=2\mathrm{e}^{x+2y},\quad \frac{\partial^2 z}{\partial y^2}=\frac{\partial}{\partial y}\left(\frac{\partial z}{\partial y}\right)=\frac{\partial}{\partial y}(2\mathrm{e}^{x+2y})=4\mathrm{e}^{x+2y}.$$

本题中,两个二阶混合偏导相等,即 $\dfrac{\partial^2 z}{\partial x \partial y}=\dfrac{\partial^2 z}{\partial y \partial x}$,但这个结论并非对任何函数成立.

定理 2.4.1 如果函数 $z=f(x,y)$ 的两个二阶混合偏导数 $\dfrac{\partial^2 z}{\partial x \partial y}$,$\dfrac{\partial^2 z}{\partial y \partial x}$ 在区域 D 内连续,那么在该区域内这两个二阶混合偏导数必相等.

2.4.3 全微分

1. 全微分的定义

定义 2.4.2 设函数 $z=f(x,y)$ 在点 (x_0,y_0) 的某邻域内有定义,点 $(x_0+\Delta x,y_0+\Delta y)$ 为该邻域内任意一点,若函数在点 (x_0,y_0) 处的全增量

$$\Delta z=f(x_0+\Delta x,y_0+\Delta y)-f(x_0,y_0)$$

可表示为 $$\Delta z=A\Delta x+B\Delta y+o(\rho),$$

其中,A,B 仅与点 (x_0,y_0) 有关而与 Δx,Δy 无关,$\rho=\sqrt{(\Delta x)^2+(\Delta y)^2}$,$o(\rho)$ 是当 $\rho \to 0$ 时较 ρ 高阶的无穷小量,则称函数 $z=f(x,y)$ 在点 (x_0,y_0) 处是**可微的**,并称 $A\Delta x+B\Delta y$ 为函数 $z=f(x,y)$ 在点 (x_0,y_0) 处的**全微分**,记作 $\mathrm{d}z\big|_{(x_0,y_0)}$,即

$$\mathrm{d}z\big|_{(x_0,y_0)}=A\Delta x+B\Delta y.$$

2. 可微性条件

定理 2.4.2(可微的必要条件) 若 $z=f(x,y)$ 在点 (x,y) 处可微,则

(1) $f(x,y)$ 在点 (x,y) 处连续;

(2) $f(x,y)$ 在点 (x,y) 处的偏导数存在,且 $A=f'_x(x,y)$,$B=f'_y(x,y)$.

与一元函数类似,函数 $z=f(x,y)$ 的全微分可记为 $\mathrm{d}z=f'_x(x,y)\mathrm{d}x+f'_y(x,y)\mathrm{d}y$.

定理 2.4.3(可微的充分条件) 若函数 $z=f(x,y)$ 的偏导数在点 (x_0,y_0) 的某邻域内存在,且 $f'_x(x,y)$ 与 $f'_y(x,y)$ 在点 (x_0,y_0) 处连续,则函数 $f(x,y)$ 在点 (x_0,y_0) 处可微.

注意:偏导数连续只是函数可微的充分条件,不是必要条件.

以上关于全微分的定义及可微的必要条件和充分条件可以完全类似地推广到三元及三元以上的函数.

例如,若三元函数 $u=f(x,y,z)$ 的三个偏导数都存在且连续,则它的全微分存在,并有

$$du = \frac{\partial u}{\partial x}dx + \frac{\partial u}{\partial y}dy + \frac{\partial u}{\partial z}dz.$$

例 2.4.7   求函数 $z=2x^2y+xy^2$ 的全微分和在点 $(1,2)$ 处的全微分.

解:由定义可知,$\frac{\partial z}{\partial x}=4xy+y^2$,$\frac{\partial z}{\partial y}=2x^2+2xy$,

因而全微分为

$$dz=(4xy+y^2)dx+(2x^2+2xy)dy.$$

在点 $(1,2)$ 处的全微分为

$$dz\big|_{(1,2)}=\frac{\partial z}{\partial x}\bigg|_{(1,2)}dx+\frac{\partial z}{\partial y}\bigg|_{(1,2)}dy=12dx+6dy.$$

 习题 2.4

1. 填空题.

(1)已知函数 $z=xe^{xy}$,则 $\dfrac{\partial z}{\partial x}\bigg|_{\substack{x=1\\y=0}}=$ _____;

(2)已知函数 $\ln(x+y+z)=0$,则 $\dfrac{\partial z}{\partial x}\bigg|_{\substack{x=1\\y=1}}=$ _____.

2. 求下列函数的偏导数.

(1)$z=x^2+3xy+y^2$;   (2)$z=e^{\frac{x}{y}}$;

(3)$z=xe^{-y}+ye^{-x}$;   (4)$u=(xy)^z$.

3. 求下列函数的二阶偏导数.

(1)$z=x^3+y^3-3x^2y^2$;   (2)$z=\sin(x^2-y)$.

4. 考察函数 $f(x,y)=\begin{cases} y\sin\dfrac{1}{x^2+y^2} & (x,y)\neq(0,0) \\ 0 & (x,y)=(0,0) \end{cases}$ 在点 $(0,0)$ 处的偏导数是否存在.

5. 求下列函数的全微分.

(1)$z=\dfrac{y}{x}$;   (2)$z=x^y$.

§2.5　多元复合函数与隐函数的偏导数

2.5.1　复合函数的偏导数

在一元函数中,我们介绍了复合函数的链式求导法则:

$$\frac{\mathrm{d}y}{\mathrm{d}x}=\frac{\mathrm{d}y}{\mathrm{d}u}\cdot\frac{\mathrm{d}u}{\mathrm{d}x}=f'(u)\cdot\varphi'(x).$$

其中,$y=f(u),u=\varphi(x)$都是可导的.现在将这一微分法则推广到多元复合函数的情形.

定理 2.5.1　若$u=\varphi(x,y),v=\psi(x,y)$在点$(x,y)$处都存在偏导数,$z=f(u,v)$在对应点$(u,v)$处可微,则复合函数$z=f[\varphi(x,y),\psi(x,y)]$在点$(x,y)$处存在偏导数,且有

$$\frac{\partial z}{\partial x}=\frac{\partial z}{\partial u}\frac{\partial u}{\partial x}+\frac{\partial z}{\partial v}\frac{\partial v}{\partial x}=f_1'\varphi_1'+f_2'\psi_1' \tag{2.5.1}$$

$$\frac{\partial z}{\partial y}=\frac{\partial z}{\partial u}\frac{\partial u}{\partial y}+\frac{\partial z}{\partial v}\frac{\partial v}{\partial y}=f_1'\varphi_2'+f_2'\psi_2' \tag{2.5.2}$$

借助函数的构造,可以直接写出上述两个公式,如 z 到 x 的链有两条(见图 $2-5-1$),每一个箭头代表一个偏导数,每一条路径代表偏导数相乘,$\frac{\partial z}{\partial x}$代表两条路径相加的和,即$\frac{\partial z}{\partial x}=\frac{\partial z}{\partial u}\frac{\partial u}{\partial x}+\frac{\partial z}{\partial v}\frac{\partial v}{\partial x}$.

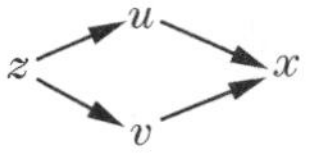

图 2-5-1

式(2.5.1)和式(2.5.2)可以推广到中间变量或自变量多于两个的情形.

例如,设 $u=\varphi(x,y),v=\psi(x,y),w=\omega(x,y)$在点$(x,y)$处都具有偏导数,而函数 $z=f(u,v,w)$在对应点(u,v,w)可微,则复合函数 $z=f[\varphi(x,y),\psi(x,y),\omega(x,y)]$在点$(x,y)$处具有偏导数,且

$$\frac{\partial z}{\partial x}=\frac{\partial z}{\partial u}\frac{\partial u}{\partial x}+\frac{\partial z}{\partial v}\frac{\partial v}{\partial x}+\frac{\partial z}{\partial w}\frac{\partial w}{\partial x},$$

$$\frac{\partial z}{\partial y}=\frac{\partial z}{\partial u}\frac{\partial u}{\partial y}+\frac{\partial z}{\partial v}\frac{\partial v}{\partial y}+\frac{\partial z}{\partial w}\frac{\partial w}{\partial y}.$$

例 2.5.1 设 $z=\mathrm{e}^{xy}\sin(x+y)$,求 $\dfrac{\partial z}{\partial x}$,$\dfrac{\partial z}{\partial y}$.

解:令 $u=xy$,$v=x+y$,则 $z=\mathrm{e}^{u}\sin v$,所以

$$\frac{\partial z}{\partial x}=\frac{\partial z}{\partial u}\frac{\partial u}{\partial x}+\frac{\partial z}{\partial v}\frac{\partial v}{\partial x}=\mathrm{e}^{u}\sin v\cdot y+\mathrm{e}^{u}\cos v\cdot 1=\mathrm{e}^{xy}[y\sin(x+y)+\cos(x+y)],$$

$$\frac{\partial z}{\partial y}=\frac{\partial z}{\partial u}\frac{\partial u}{y}+\frac{\partial z}{\partial v}\frac{\partial v}{\partial y}=\mathrm{e}^{u}\sin v\cdot x+\mathrm{e}^{u}\cos v\cdot 1=\mathrm{e}^{xy}[x\sin(x+y)+\cos(x+y)].$$

例 2.5.2 设 $z=f(\mathrm{e}^{xy},x^{2}-y^{2})$,其中 $f(u,v)$ 有连续的二阶偏导数,求 $\dfrac{\partial z}{\partial x}$ 和 $\dfrac{\partial z}{\partial y}$.

解:设 $u=\mathrm{e}^{xy}$,$v=x^{2}-y^{2}$,则

$$\frac{\partial z}{\partial x}=\frac{\partial f}{\partial u}\cdot\frac{\partial u}{\partial x}+\frac{\partial f}{\partial v}\cdot\frac{\partial v}{\partial x}=y\mathrm{e}^{xy}\frac{\partial f}{\partial u}+2x\frac{\partial f}{\partial v};$$

$$\frac{\partial z}{\partial y}=\frac{\partial f}{\partial u}\cdot\frac{\partial u}{\partial y}+\frac{\partial f}{\partial v}\cdot\frac{\partial v}{\partial y}=x\mathrm{e}^{xy}\frac{\partial f}{\partial u}-2y\frac{\partial f}{\partial v}.$$

对于抽象的复合函数求一阶偏导数,一般以设中间变量来求解,最终的结果会出现中间变量.

特殊的一种情况是,当最终只有一个自变量而有若干中间变量的时候,最终复合而来的函数为一元函数.例如,函数 $u=\varphi(t)$,$v=\psi(t)$ 在点 t 处可导,函数 $z=f(u,v)$ 在对应点 (u,v) 处可微,则复合函数 $z=f[\varphi(t),\psi(t)]$ 在点 t 处可导,并且有

$$\frac{\mathrm{d}z}{\mathrm{d}t}=\frac{\partial z}{\partial u}\frac{\mathrm{d}u}{\mathrm{d}t}+\frac{\partial z}{\partial v}\frac{\mathrm{d}v}{\mathrm{d}t}.$$

注意:一定要区别偏导数和导数的符号.

例 2.5.3 设 $z=uv$,$u=\mathrm{e}^{t}$,$v=\cos t$,求 $\dfrac{\mathrm{d}z}{\mathrm{d}t}$.

解:由全导数公式,有

$$\frac{\mathrm{d}z}{\mathrm{d}t}=\frac{\partial z}{\partial u}\frac{\mathrm{d}u}{\mathrm{d}t}+\frac{\partial z}{\partial v}\frac{\mathrm{d}v}{\mathrm{d}t}=v\mathrm{e}^{t}+u(-\sin t)=\mathrm{e}^{t}(\cos t-\sin t).$$

2.5.2 隐函数的偏导数

在一元函数中已经提出了隐函数的概念,并且指出在不经过显式化的情况下,可直接由方程 $F(x,y)=0$ 求出它所确定的隐函数 $y=f(x)$ 的导数.现在结合偏导数的概念给出隐函数求导的定理.

定理 2.5.2(隐函数可微性定理) 设函数 $F(x,y)$ 在点 (x_{0},y_{0}) 的某一邻域内具

有连续的偏导数 $F'_x(x,y),F'_y(x,y)$,且 $F'(x_0,y_0)=0,F'_y(x_0,y_0)\neq0$,则方程 $F(x,y)=0$ 在点 (x_0,y_0) 的某一邻域内能唯一确定一个具有连续导数的函数 $y=f(x)$,有

$$\frac{\mathrm{d}y}{\mathrm{d}x}=-\frac{F_x(x,y)}{F_y(x,y)}. \tag{2.5.3}$$

例 2.5.4　求由方程 $y-x\mathrm{e}^y+x=0$ 所确定的 $y=f(x)$ 的导数.

解:令 $F(x,y)=y-x\mathrm{e}^y+x$,由式(2.5.3)有

$$\frac{\partial F}{\partial x}=-\mathrm{e}^y+1,\frac{\partial F}{\partial y}=1-x\mathrm{e}^y,$$

所以

$$\frac{\mathrm{d}y}{\mathrm{d}x}=-\frac{-\mathrm{e}^y+1}{1-x\mathrm{e}^y}=\frac{\mathrm{e}^y-1}{1-x\mathrm{e}^y}.$$

与定理 2.5.2 一样,我们可以由三元函数 $F(x,y,z)$ 的性质来判断由方程 $F(x,y,z)=0$ 所确定的二元函数 $z=f(x,y)$ 的存在性及求偏导数的公式.

定理 2.5.3(隐函数存在定理)　设函数 $F(x,y,z)$ 在点 (x_0,y_0,z_0) 的某一邻域内具有连续的偏导数且 $F(x_0,y_0,z_0)=0,F'_z(x_0,y_0,z_0)\neq0$,则方程 $F(x,y,z)=0$ 在点 (x_0,y_0,z_0) 的某一邻域内能唯一确定一个单值连续且具有连续偏导数的函数 $z=f(x,y)$,则有

$$\frac{\partial z}{\partial x}=-\frac{F'_x}{F'_z},\frac{\partial z}{\partial y}=-\frac{F'_y}{F'_z}. \tag{2.5.4}$$

例 2.5.6　设 $z=z(x,y)$ 是由方程 $2x^3+y^3+z^3-3z=0$ 确定的隐函数,求 $\dfrac{\partial z}{\partial x}$,$\dfrac{\partial z}{\partial y}$.

解:首先构造 $F(x,y,z)=2x^3+y^3+z^3-3z$,

$$F'_x=6x,F'_y=3y^2,F'_z=3z^2-3,$$

从而有

$$\frac{\partial z}{\partial x}=-\frac{F'_x}{F'_z}=-\frac{6x}{3z^3-3}=\frac{2x^2}{1-z^3},$$

$$\frac{\partial z}{\partial y}=-\frac{F'_y}{F'_z}=-\frac{3y^2}{3z^3-3}=\frac{y^2}{1-z^3}.$$

 **习题 2.5**

1. 设 $z=\mathrm{e}^{u+v}$,而 $u=\sin t$,$v=\cos t$,求全导数 $\dfrac{\mathrm{d}z}{\mathrm{d}t}$.

2. 设 $z=u^3\ln v$，而 $u=\dfrac{x}{y}$，$v=3x+2y$，求 $\dfrac{\partial z}{\partial x}$，$\dfrac{\partial z}{\partial y}$.

3. 求下列函数的一阶偏导数，其中 f 具有一阶连续偏导数.

(1)$z=f\left(xy,\dfrac{y}{x}\right)$；　　　　　　　　　(2)$u=f\left(\dfrac{x}{y},\dfrac{y}{z}\right)$.

4. 求下列函数的二阶偏导数，其中 f 具有二阶连续偏导数.

(1)$z=f(x^2+y^2)$；　　　　　　　　　(2)$z=f(x^2-y^2,\mathrm{e}^{xy})$.

5. 计算.

(1)设 $\ln y+\mathrm{e}^x-xy^2=0$，求 $\dfrac{\mathrm{d}y}{\mathrm{d}x}$；

(2)设 $z^2y+xz^3=1$，求 $\dfrac{\partial z}{\partial x}$，$\dfrac{\partial z}{\partial y}$，$\dfrac{\partial^2 z}{\partial x^2}$.

第三章 导数的应用

§3.1 微分中值定理与洛必达法则

本节结合导数的几何意义介绍导数的一些更深刻的性质——函数在某区间的整体性态与该区间内部某点处的导数之间的逻辑性联系. 由于这些性质都与自变量区间内部的某个中间值有关,因此被统称为**中值定理**. 利用中值定理通过导数可以研究函数的性态.

3.1.1 中值定理

定理 3.1.1(罗尔定理) 设函数 $f(x)$ 满足条件:

(1)在闭区间 $[a,b]$ 上连续;

(2)在开区间 (a,b) 内可导;

(3)$f(a)=f(b)$.

则至少存在一点 $\xi \in (a,b)$,使得 $f'(\xi)=0$.

罗尔定理的几何意义为:如果连续光滑曲线 $y=f(x)$ 在 $[a,b]$ 上的两个端点的值相等,且在 (a,b) 内每一点都存在不垂直于 x 轴的切线(每一点的导数都存在),则在开区间 (a,b) 内部至少存在一点记作 ξ,使得曲线 $y=f(x)$ 在 ξ 点处的切线平行于 x 轴(见图 3-1-1).

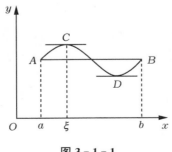

图 3-1-1

例 3.1.1　下列函数中,在区间$[-1,1]$上满足罗尔定理条件的是(　　).

A. $f(x) = \dfrac{2}{\sqrt{1-x^2}}$ 　　　　　　　B. $f(x) = \sqrt{x^2}$

C. $f(x) = x^2 + 1$ 　　　　　　　D. $f(x) = x^3 + 1$

解:选项 A 在 $x = \pm 1$ 处不连续,选项 B 在 $x = 0$ 点不可导,选项 D$f(-1) \neq f(1)$,选项 C 三个条件都满足,所以只有 C 是正确的.

定理 3.1.2(拉格朗日中值定理)　设函数 $y = f(x)$ 满足:

(1)在闭区间$[a,b]$上连续;

(2)在开区间(a,b)内可导.

则至少存在一点 $\xi \in (a,b)$,使得 $f'(\xi) = \dfrac{f(b)-f(a)}{b-a}$.

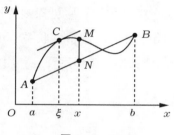

图 3-1-2

拉格朗日中值定理的几何意义为:如果连续曲线 $y = f(x)$ 在(a,b)内每一点都存在不垂直于 x 轴的切线(每一点的导数都存在),则在开区间(a,b)内部必至少有一点记作 ξ,使得曲线 $y = f(x)$ 在 ξ 点处的切线平行弦 AB,即平行于两个端点$(a,f(a))$ 与$(b,f(b))$的连线(见图 3-1-2),直线方程的斜率为 $k = \dfrac{f(b)-f(a)}{b-a}$.

推论 1　如果函数 $f(x)$ 在区间(a,b)内的导数恒为零,则 $f(x)$ 在(a,b)内是一个常数.

推论 2　如果函数 $f(x)$ 与 $g(x)$ 在(a,b)内恒有 $f'(x) \equiv g'(x)$,则函数 $f(x)$ 与 $g(x)$在(a,b)有 $f(x) = g(x) + C(C$ 为任意常数).

例 3.1.2　设函数 $f(x) = \ln x$,在区间$[1,e]$上验证拉格朗日中值定理的正确性.

解:由连续函数定义可知,初等函数 $f(x) = \ln x$ 在区间$[1,e]$上连续,在$(1,e)$内可导,且由 $f(1) = 0$,$f(e) = 1$,$f'(x) = \dfrac{1}{x}$,于是 $\dfrac{f(e)-f(1)}{e-1} = \dfrac{1}{\xi}$,从而解得 $\xi = e-1$,且 $1 < e-1 < e$,有 $f'(\xi) = \dfrac{f(e)-f(1)}{e-1}$.

例 3.1.3　证明 $\arctan x + \mathrm{arccot}\, x = \dfrac{\pi}{2}\,(x \in R)$.

证明： 构造函数 $F(x) = \arctan x + \mathrm{arccot}\, x$，则有

$$F'(x) = (\arctan x + \mathrm{arccot}\, x)' = \frac{1}{1+x^2} + \left(-\frac{1}{1+x^2}\right) = 0,$$

且　　　$\arctan 1 + \mathrm{arccot}\, 1 = \dfrac{\pi}{2},$

所以由推论 1 得　$\arctan x + \mathrm{arccot}\, x = \dfrac{\pi}{2}, (x \in R)$.

3.1.2　洛必达法则

如果 $f(x), g(x)$ 当 $x \to x_0$（或 $x \to \infty$）时，都趋于零或无穷大，则极限 $\lim\limits_{x \to x_0} \dfrac{f(x)}{g(x)}$ 不确定，通常把这种极限称为**未定式**，简记为 $\dfrac{\mathbf{0}}{\mathbf{0}}$ 型或 $\dfrac{\infty}{\infty}$ 型. 洛必达法则提供了用导数求未定式极限的简便、有效的方法.

定理 3.1.3($\dfrac{\mathbf{0}}{\mathbf{0}}$ 型洛必达法则)　设函数 $f(x), g(x)$ 满足下列条件：

(1) $\lim\limits_{x \to x_0} f(x) = \lim\limits_{x \to x_0} g(x) = 0$;

(2) 在点 x_0 的某去心邻域内，$f(x)$ 与 $g(x)$ 的导数存在，且 $g'(x) \neq 0$;

(3) $\lim\limits_{x \to x_0} \dfrac{f'(x)}{g'(x)} = A$（或 ∞）.

则　　　$\lim\limits_{x \to x_0} \dfrac{f(x)}{g(x)} = \lim\limits_{x \to x_0} \dfrac{f'(x)}{g'(x)}$.

注意：极限过程换成 $x \to \infty$，结论仍然成立.

例 3.1.4　求 $\lim\limits_{x \to 1} \dfrac{x^3 - 3x + 2}{x^3 - x^2 - x + 1}$.

解： 这是 $\dfrac{0}{0}$ 型，由洛必达法则有

$$\lim_{x \to 1} \frac{x^3 - 3x + 2}{x^3 - x^2 - x + 1} = \lim_{x \to 1} \frac{3x^2 - 3}{3x^2 - 2x - 1} = \lim_{x \to 1} \frac{6x}{6x - 2} = \frac{3}{2}.$$

如果使用洛必达法则后，仍是 $\dfrac{0}{0}$ 型未定式且满足定理条件，可以继续使用洛必达法则.

例 3.1.5　求 $\lim\limits_{x \to 0} \dfrac{x - \sin x}{\sin^3 x}$.

解:这是 $\dfrac{0}{0}$ 型,由洛必达法则有

$$\lim_{x\to 0}\frac{x-\sin x}{\sin^3 x}=\lim_{x\to 0}\frac{x-\sin x}{x^3}=\lim_{x\to 0}\frac{1-\cos x}{3x^2}=\lim_{x\to 0}\frac{\sin x}{6x}=\frac{1}{6}\lim_{x\to 0}\frac{\sin x}{x}=\frac{1}{6}.$$

通过本题可知,在使用洛必达法则时可以结合等价无穷小量的替换等化简运算.

定理 3.1.4($\dfrac{\infty}{\infty}$ 型洛必达法则) 设函数 $f(x),g(x)$ 满足下列条件:

(1) $\lim\limits_{x\to x_0}f(x)=\lim\limits_{x\to x_0}g(x)=\infty$;

(2)在点 x_0 的某去心邻域内,$f(x)$ 与 $g(x)$ 的导数存在,且 $g'(x)\neq 0$;

(3) $\lim\limits_{x\to x_0}\dfrac{f'(x)}{g'(x)}=A$(或 ∞).

则 $$\lim_{x\to x_0}\frac{f(x)}{g(x)}=\lim_{x\to x_0}\frac{f'(x)}{g'(x)}.$$

注意:极限过程换成 $x\to\infty$,结论仍然成立.

例 3.1.6 求 $\lim\limits_{x\to +\infty}\dfrac{\ln x}{x}$.

解:这是 $\dfrac{\infty}{\infty}$ 型,由洛必达法则有

$$\lim_{x\to +\infty}\frac{\ln x}{x}=\lim_{x\to +\infty}\frac{\frac{1}{x}}{1}=0.$$

例 3.1.7 求 $\lim\limits_{x\to +\infty}\dfrac{x^n}{e^{\lambda x}}(n,\lambda>0)$.

解:这是 $\dfrac{\infty}{\infty}$ 型,由洛必达法则有

$$\lim_{x\to +\infty}\frac{x^n}{e^{\lambda x}}=\lim_{x\to +\infty}\frac{nx^{n-1}}{\lambda e^{\lambda x}}=\lim_{x\to +\infty}\frac{n(n-1)x^{n-2}}{\lambda^2 e^{\lambda x}}=\cdots=\lim_{x\to +\infty}\frac{n!}{\lambda^n e^{\lambda x}}=0.$$

例 3.1.8 求 $\lim\limits_{x\to\infty}\dfrac{x+\sin x}{x-\sin x}$.

解:这是 $\dfrac{\infty}{\infty}$ 型,如果应用洛必达法则,将原式分子、分母分别求导后得 $\lim\limits_{x\to\infty}\dfrac{1+\cos x}{1-\cos x}$,但 $\lim\limits_{x\to\infty}\dfrac{1+\cos x}{1-\cos x}$ 不存在,也不是无穷大,所以不满足洛必达法则的条件(2).

因此,本题不能用洛必达法则,而应该用以下方法计算:

$$\lim_{x\to\infty}\frac{x+\sin x}{x-\sin x}=\lim_{x\to\infty}\frac{1+\frac{1}{x}\sin x}{1-\frac{1}{x}\sin x}=1.$$

由此,在使用洛必达法则的过程中一定要注意是否满足定理的条件,如果不满足,就不能够用该定理去求解极限.

3.1.3　其他类型未定式

未定式极限还有 $0 \cdot \infty, \infty - \infty, 0^0, \infty^0, 1^\infty$ 等类型,可先经过简单变换,将其化为 $\dfrac{0}{0}$ 型或 $\dfrac{\infty}{\infty}$ 型,然后结合洛必达法则求极限.

例 3.1.9　求 $\lim\limits_{x \to 0^+} x \ln x$.

解:这是一个 $0 \cdot \infty$ 型的未定式.

$$\lim_{x \to 0^+} x \ln x = \lim_{x \to 0^+} \frac{\ln x}{\dfrac{1}{x}} = \lim_{x \to 0^+} \frac{\dfrac{1}{x}}{-\dfrac{1}{x^2}} = \lim_{x \to 0^+} (-x) = 0.$$

例 3.1.10　求 $\lim\limits_{x \to 1} \left(\dfrac{1}{\ln x} - \dfrac{1}{x-1} \right)$.

解:这是一个 $(\infty - \infty)$ 型未定式.

$$\lim_{x \to 1} \left(\frac{1}{\ln x} - \frac{1}{x-1} \right) = \lim_{x \to 1} \left(\frac{x-1-\ln x}{(x-1)\ln x} \right) = \lim_{x \to 1} \frac{1-x}{\ln x + 1 - \dfrac{1}{x}} = \lim_{x \to 1} \frac{\dfrac{1}{x^2}}{\dfrac{1}{x} + \dfrac{1}{x^2}} = \frac{1}{2}.$$

例 3.1.11　求 $\lim\limits_{x \to 0} (\cos x)^{\frac{1}{\ln(1+x^2)}}$.

解:这是一个 1^∞ 型未定式,可将函数指数化:

$$(\cos x)^{\frac{1}{\ln(1+x^2)}} = \mathrm{e}^{\frac{\ln(\cos x)}{\ln(1+x^2)}}.$$

因为 $\lim\limits_{x \to 0} \dfrac{\ln(\cos x)}{\ln(1+x^2)} = \lim\limits_{x \to 0} \dfrac{\ln(\cos x)}{x^2} = \lim\limits_{x \to 0} \dfrac{\dfrac{-\sin x}{\cos x}}{2x} = -\lim\limits_{x \to 0} \dfrac{\sin x}{2x \cos x} = -\dfrac{1}{2}$,

所以 $\lim\limits_{x \to 0} (\cos x)^{\frac{1}{\ln(1+x^2)}} = \mathrm{e}^{-\frac{1}{2}}$.

本题是对 1^∞ 型未定式求极限,利用了指数化的恒等变形,将原函数的极限转变为取对数后再求极限.

一般的幂指函数,即 $0^0, \infty^0, 1^\infty$ 未定式都可利用该方法求极限.

 习题 3.1

1. 下列函数在给定的区间上是否满足罗尔定理条件,如果满足求定理中相应的 ξ

值.

(1)$f(x)=\ln\sin x$,$x\in\left[\dfrac{\pi}{6},\dfrac{5\pi}{6}\right]$;   (2)$f(x)=\dfrac{3}{x^2+1}$,$x\in[-1,1]$.

2. 下列函数在给定的区间上是否满足拉格朗日定理条件,如果满足求定理中相应的 ξ 值.

(1)$f(x)=\sqrt{x}$,$x\in[1,4]$;   (2)$f(x)=\ln x$,$x\in[1,2]$;

(3)$f(x)=\arctan x$,$x\in[0,1]$.

3. 设 $0<a<b$,证明不等式 $\dfrac{b-a}{b}<\ln\dfrac{b}{a}<\dfrac{b-a}{a}$.

4. 求下列极限.

(1)$\lim\limits_{x\to 0}\dfrac{1-\cos x}{x^2}$;   (2)$\lim\limits_{x\to 0}\dfrac{\ln(1+\sin x)}{3x}$;

(3)$\lim\limits_{x\to 0^+}\dfrac{\ln x}{\ln\sin x}$;   (4)$\lim\limits_{x\to +\infty}\dfrac{e^x}{x}$;

(5)$\lim\limits_{x\to a}\dfrac{\cos x-\cos a}{x-a}$;   (6)$\lim\limits_{x\to 0}\dfrac{(1+x)^\alpha-1}{x}$($\alpha$ 为实数);

(7)$\lim\limits_{x\to 0}\left(\dfrac{1}{x}-\dfrac{1}{\sin x}\right)$;   (8)$\lim\limits_{x\to 0}\left(\dfrac{1}{x}-\dfrac{1}{e^x-1}\right)$;

(9)$\lim\limits_{x\to 0^+}x^a\ln x$;   (10)$\lim\limits_{x\to 0}x^2(e^{\frac{1}{x^2}}-1)$;

(11)$\lim\limits_{x\to\infty}\left(1-\dfrac{2}{x}\right)^{3x}$;   (12)$\lim\limits_{x\to 0^+}x^x$.

§3.2 函数的单调性与极值

3.2.1 函数的单调性

函数在某区间内的单调性是函数的一个重要特性.在第一章中我们已经给出了函数在某一个区间内单调性的定义,现在我们可以利用导数来研究函数的单调性.

在图 3-2-1 中,(a)所示的函数 $f(x)$ 在区间上单调增加,对应曲线随 x 增大而上升,曲线上每一点切线斜率为正,即 $f'(x)>0$;(b)所示的函数 $f(x)$ 在区间上单调减少,对应曲线随 x 增大而下降,曲线上每一点切线斜率为负,即 $f'(x)<0$.由此可见,可以利用导数的符号来判定函数的单调性.

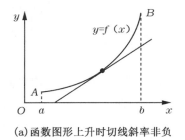 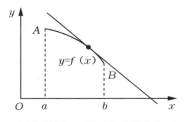

(a)函数图形上升时切线斜率非负　　　　(b)函数图形下降时切线斜率非正

图 3 - 2 - 1

定理 3.2.1 设函数 $f(x)$ 在闭区间 $[a,b]$ 上连续,在开区间 (a,b) 内可导,

(1)如果 $x \in (a,b)$ 时,恒有 $f'(x) > 0$,则 $f(x)$ 在闭区间 $[a,b]$ 上单调增加;

(2)如果 $x \in (a,b)$ 时,恒有 $f'(x) < 0$,则 $f(x)$ 在闭区间 $[a,b]$ 上单调减少.

注意:如果在区间 (a,b) 内 $f'(x) \geqslant 0$(或 $f'(x) \leqslant 0$),但等号只在个别点处成立,则函数 $f(x)$ 在 (a,b) 内仍是单调增加(或单调减少)的.

例 3.2.1 证明当 $x > 0$ 时,$e^x > 1 + x$.

证明: 令 $f(x) = e^x - 1 - x$,则 $f'(x) = e^x - 1$.

$f(x)$ 在 $[0, +\infty)$ 上连续,在 $(0, +\infty)$ 内 $f'(x) > 0$,因此在 $[0, +\infty)$ 上 $f(x)$ 单调增加,从而当 $x > 0$ 时,$f(x) > f(0)$. 由于 $f(0) = 0$,故 $f(x) > f(0) = 0$,即 $e^x - 1 - x > 0$,从而 $e^x > 1 + x$.

3.2.2 函数的极值

定义 3.2.1 设函数 $f(x)$ 在 x_0 的某邻域内有定义,且对此邻域内任一点 $x(x \neq x_0)$,均有 $f(x) < f(x_0)$,则称 $f(x_0)$ 是函数 $f(x)$ 的一个**极大值**;同样,如果对此邻域内任一点 $x(x \neq x_0)$ 均有 $f(x) > f(x_0)$,则称 $f(x_0)$ 是函数 $f(x)$ 的一个**极小值**.

函数的极大值与极小值统称为函数的**极值**,使函数取得极值的点 x_0 称为**极值点**.

注意:函数的极值概念是局部性的,函数在 x_0 处取得极值,仅指在局部范围内,$f(x_0)$ 大于(或小于)x_0 邻近处的函数值,这和函数在一个区间上的最值概念不同. 就整个定义域来说,有的极大值可能会小于极小值.

定理 3.2.2(极值存在的必要条件) 如果函数 $f(x)$ 在点 x_0 处可导,且在点 x_0 处取得极值,则必有 $f'(x_0) = 0$.

若 $f'(x_0) = 0$,则称 x_0 为函数的**驻点**. 由定理 3.2.2 可知,可导函数的极值点,必定是它的驻点;反过来,可导函数的驻点,却不一定是函数的极值点,如函数 $f(x)$

$=x^3$ 在 $x=0$ 是驻点但不是极值点. 另外,函数在连续而不可导的点,也可能取得极值,如函数 $f(x)=|x|$ 在 $x=0$ 处的导数不存在,但由图像可知 $f(0)=0$ 是函数的极小值.

定理 3.2.3(极值的第一判定法)   设函数 $f(x)$ 在点 x_0 的某邻域内可导,那么

(1)当 $x<x_0$ 时 $f'(x)>0$,当 $x>x_0$ 时 $f'(x)<0$,则 $f(x)$ 在 x_0 处取得极大值;

(2)当 $x<x_0$ 时 $f'(x)<0$,当 $x>x_0$ 时 $f'(x)>0$,则 $f(x)$ 在 x_0 处取得极小值;

(3)如果在 x_0 的两侧函数的导数符号相同,则 $f(x)$ 在 x_0 处没有极值.

由定理 3.2.3,可知,求 $f(x)$ 单调性和极值的步骤为:

第 1 步,求出函数的定义域;

第 2 步,求出 $f(x)$ 的驻点和不可导点,即 $f'(x)=0$ 和 $f'(x)$ 不存在的点;

第 3 步,用驻点和不可导点把定义域划分成若干小区间,列表讨论 $f'(x)$ 在每个小区间的符号,从而确定函数在该驻点或不可导点是否取得极值,是极大值还是极小值;

第 4 步,总结归纳,写出函数的单调区间和各极值点处的极值.

例 3.2.2   求函数 $f(x)=2x^3-9x^2+12x-3$ 的单调区间和极值.

解:函数的定义域为 $(-\infty,+\infty)$,且

$f'(x)=6x^2-18x+12=6(x^2-3x+2)=6(x-2)(x-1)$,

令 $f'(x)=0$ 得驻点 $x_1=1,x_2=2$.

用两个驻点将定义域分为三个区间,各区间内的导数符号和单调性如下:

x	$(-\infty,1)$	1	$(1,2)$	2	$(2,+\infty)$
$f'(x)$	+	0	−	0	+
$f(x)$	↗	极大值 2	↘	极小值 −9	↗

由此可知,$f(x)$ 在区间 $(-\infty,1)$ 和 $(2,+\infty)$ 单调增加,在区间 $(1,2)$ 单调减少,极大值为 $f(1)=2$,极小值为 $f(2)=-9$.

例 3.2.3   讨论函数 $f(x)=(x-4)\sqrt[3]{(x+1)^2}$ 的单调区间及极值.

解:函数的定义域为 $(-\infty,+\infty)$,$f'(x)=\sqrt[3]{(x+1)^2}+(x-4)\dfrac{2}{3}(x+1)^{-\frac{1}{3}}=$

$\dfrac{5(x-1)}{3\sqrt[3]{x+1}}$,令 $f'(x)=0$ 得 $x_1=1$;又可知当 $x_2=-1$ 时,$f'(x)$ 不存在.

分类讨论如下:

x	$(-\infty,-1)$	-1	$(-1,1)$	1	$(1,+\infty)$
$f'(x)$	$+$	不存在	$-$	0	$+$
$y=f(x)$	↗	极大值 $f(-1)$	↘	极小值 $f(1)$	↗

由此可知，$f(x)$ 在区间 $(-\infty,-1)$ 和 $(1,+\infty)$ 单调增加，在区间 $(-1,1)$ 单调减少，极大值为 $f(-1)=0$，极小值为 $f(1)=-3\sqrt[3]{4}$.

定理 3.2.4(极值的第二判定法) 设函数 $f(x)$ 在点 x_0 处具有二阶导数，且 $f'(x_0)=0$，则

(1)当 $f''(x_0)<0$ 时，函数 $f(x)$ 在 x_0 处取得极大值；

(2)当 $f''(x_0)>0$ 时，函数 $f(x)$ 在 x_0 处取得极小值.

若 $f''(x_0)=0$，则不能判断 $f(x_0)$ 是否为极值，可用第一判定法来判定.

例 3.2.4 求函数 $f(x)=x^3-27x+5$ 的极值点.

解： $f'(x)=3x^2-27$，

令 $f'(x)=0$，求得驻点 $x=\pm 3$.

又 $f''(x)=6x$，

因 $f''(3)>0, f''(-3)<0$.

故 $f(x)$ 在 $x=3$ 处取得极小值，在 $x=-3$ 处取得极大值.

3.2.3 函数的最值

在生活实践中，经常会用到要求"成本最低""材料最省""产量最大""效率最高"等问题，这些大多可以通过建立函数关系，用求函数最值的方法解决.

由最值定理知，如果函数 $f(x)$ 在闭区间 $[a,b]$ 上连续，则在 $[a,b]$ 上一定能取得最大值和最小值. 而由函数的图像可知最值只能在区间 (a,b) 内的极值点和端点处取得，在判断极值点时，只需要找出驻点和导数不存在的点. 在实际问题中，唯一的驻点一定是要求的极值点.

例 3.2.5 求 $f(x)=(x-1)\sqrt[3]{x^2}$ 在 $\left[-1,\dfrac{1}{2}\right]$ 上的最大值与最小值.

解： 当 $x\neq 0$ 时，$f'(x)=\dfrac{5x-2}{3\sqrt[3]{x}}$.

令 $f'(x)=0$，得驻点 $x=\dfrac{2}{5}$，

$x=0$ 为 $f'(x)$ 不存在的点.

由于 $f(-1)=-2, f\left(\dfrac{1}{2}\right)=-\dfrac{1}{4}\sqrt[3]{2}, f(0)=0, f\left(\dfrac{2}{5}\right)=-\dfrac{3}{5}\sqrt[3]{\dfrac{4}{25}}$.

所以,函数的最大值是 $f(0)=0$,最小值是 $f(-1)=-2$.

例 3.2.6 欲建一个面积为 32 平方米的矩形场地,一边可以利用一道已有的墙壁,其他三边需砌新墙(见图 3-2-1),问场地的长宽各为多少时,才能使砌墙所用的材料最省.

解:设矩形场地原有墙壁长 x,另一边长 y,矩形的周长为 L.

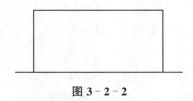

图 3-2-2

由题意得:$xy=32$,

$$L=2y+x=\frac{64}{x}+x,$$

$$L'=-\frac{64}{x^2}+1,$$

令 $L'=0$,解得 $x=8$. 只有这一个驻点.

因为 $L''(8)=\left.\frac{128}{x^3}\right|_{x=8}=\frac{1}{4}>0$,所以 $x=8$ 是函数的极小值点,又因为 $x=8$ 是函数在开区间 $(0,+\infty)$ 内唯一的驻点,从而 $x=8$ 就是函数在 $(0,+\infty)$ 内的最小值点. 即场地的长为 8 米,宽为 4 米时,用料最省.

例 3.2.7 要用铝片做一个容积为 V 的易拉罐,问易拉罐的底面半径为何值时用料最省.

解:设所做易拉罐的表面积为 S,底面半径为 r,高为 h,建立 S 与 r 之间的函数关系.

$$S=S(r)=2\pi r^2+2\pi rh.$$

由 $V=\pi r^2 h$ 得 $h=\frac{V}{\pi r^2}$,代入上式消去 h 得

$$S=S(r)=2\pi r^2+\frac{2V}{r},r\in(0,+\infty).$$

令 $S'(r)=4\pi r-\frac{2V}{r^2}=0$,解得 $r^3=\frac{V}{2\pi}$,于是求得一驻点 $r=\sqrt[3]{\frac{V}{2\pi}}$.

由于用料最省情况一定存在,且驻点唯一,所以在驻点处取得极小值,即底面半径 $r=\sqrt[3]{\frac{V}{2\pi}}$ 时用料最省.

习题 3.2

1. 证明不等式

当 $0 \leqslant x \leqslant \dfrac{\pi}{2}$ 时，$\sin x \geqslant \dfrac{2}{\pi} x$.

2. 确定下列函数的单调区间

(1) $y = 2x^3 - 6x^2 - 18x - 7$;   (2) $y = \dfrac{x}{1 + x^2}$.

3. 求下列函数的极值

(1) $f(x) = x^3 - 3x^2 + 7$;   (2) $f(x) = x - \ln(1 + x)$.

4. 求函数的最大值与最小值

(1) $y = 2x^3 - 3x^2$ $(-1 \leqslant x \leqslant 4)$;   (2) $y = x + \sqrt{1 - x}$ $(-5 \leqslant x \leqslant 1)$.

5. 设函数 $f(x) = a \ln x + b x^2 + x$ 在 $x = 1, x = 2$ 处都取到极值，试求 a、b 的值.

6. 用一个边长为 a 的正方形铁皮，在四角各剪去一个边长相等的小正方形，做成一个无盖方盒，问小正方形边长为多少时，做出的无盖方盒容积最大.

§3.3　函数的凹凸性与拐点

3.3.1　函数的凹凸性

定义 3.3.1　如果曲线弧位于其上每一点处切线的上方（见图 3-3-1），则称曲线弧是**凹**的；如果曲线弧位于其上每一点处切线的下方（见图 3-3-2），则称曲线弧是**凸**的.

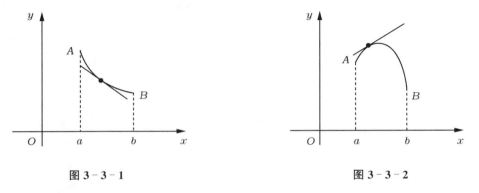

图 3-3-1   图 3-3-2

由图 3-3-1 可以看到，当曲线是凹的时，从左到右切线的斜率在增大，即 $f'(x)$

单调增加,因此有 $f''(x) \geqslant 0$;由图 3-3-2 可以看到,当曲线是凸的时,从左到右切线的斜率在减小,即 $f'(x)$ 单调减少,因此有 $f''(x) \leqslant 0$. 由此可得,曲线凹凸性的判定定理.

定理 3.3.1   设函数 $f(x)$ 在 (a,b) 内具有二阶导数,则在该区间内

(1)当 $f''(x) \geqslant 0$ 时,曲线弧 $y = f(x)$ 是凹的;

(2)当 $f''(x) \leqslant 0$ 时,曲线弧 $y = f(x)$ 是凸的.

例 3.3.1   讨论曲线 $y = \ln x$ 的凹凸性.

解:函数 $y = \ln x$ 的定义域为 $(0, +\infty)$.

求导数得

$$y' = \frac{1}{x}, \quad y'' = -\frac{1}{x^2}.$$

当 $x \in (0, +\infty)$ 时,$y'' < 0$,所以曲线在整个定义域内是凸的.

3.3.2   函数的拐点

定义 3.3.2   连续曲线上凹弧与凸弧的分界点,称为曲线的**拐点**.

求拐点的方法是:

(1)求出函数的定义域;

(2)求出二阶导数 $f''(x)$,令 $f''(x_0) = 0$,解求出对应点及 $f''(x)$ 不存在的点;

(3)如果 $f''(x)$ 在点 x_0 的左右两侧符号相反,则点 $(x_0, f(x_0))$ 就是曲线 $y = f(x)$ 的拐点.

例 3.3.2   求函数 $y = x^4 - 2x^3 - 2$ 的凹凸性与拐点.

解:因为 $y' = 4x^3 - 6x^2$,$y'' = 12x^2 - 12x = 12x(x-1)$,令 $y'' = 0$,得 $x_1 = 0$,$x_2 = 1$,分类讨论如下:

x	$(-\infty, 0)$	0	$(0,1)$	1	$(1, +\infty)$
y''	+	0	−	0	+
曲线 $y = f(x)$	凹	拐点 $(0, -2)$	凸	拐点 $(1, -3)$	凹

可见,曲线在区间 $(-\infty, 0)$,$(1, +\infty)$ 上是凹的,在区间 $(0,1)$ 上是凸的,曲线的拐点是 $(0, -2)$ 和 $(1, -3)$.

3.3.3   曲线的渐近线

有些函数的图形只落在平面上有限的范围内;而有些函数的图形却是远离原点无限伸展,如抛物线、双曲线、正弦曲线、正切曲线等. 后一种函数的图形,当曲线上的动

点无限远离原点时,有时会与某一直线无限地接近,这种直线称为曲线的**渐近线**.

曲线的渐近线对研究曲线有重要意义,那么,在什么情况下曲线有渐近线? 如果有渐近线,怎样求出它的渐近线?

1. 水平渐近线

如果 $\lim\limits_{x \to +\infty} f(x) = b$(或 $\lim\limits_{x \to -\infty} f(x) = b$),则直线 $y = b$ 是曲线 $y = f(x)$ 的一条水平渐近线.

2. 垂直渐近线

如果曲线 $y = f(x)$ 在点曲线 C 处间断,且 $\lim\limits_{x \to c^+} f(x) = \infty$(或 $\lim\limits_{x \to c^-} f(x) = \infty$),则直线 $x = C$ 是曲线 $y = f(x)$ 的一条垂直渐近线.

 习题 3.3

1. 确定函数 $f(x) = 3x^4 - 4x^3 + 1$ 的凹凸区间及拐点.

2. 求下列曲线的水平渐近线和垂直渐近线.

(1) $y = \dfrac{1}{x-5}$;   (2) $y = \dfrac{3x^2+2}{1-x^2}$.

3. 求下列曲线的渐近线.

(1) $y = \dfrac{(x-1)^3}{(x+1)^3}$;   (2) $y = \dfrac{(1+x)^3}{x^4}$.

4. 描绘下列函数的图形.

(1) $y = 3x^2 - x^3$;   *(2) $y = \dfrac{4}{1+x^2}$.

§3.4 多元函数的极值与最值

3.4.1 二元函数的极值与最值

二元函数极值的定义与一元函数极值的定义类似.

定义 3.4.1 设函数 $z = f(x, y)$ 在点 $P(x_0, y_0)$ 的一个邻域内有定义,如果对于该邻域内异于点 $P(x_0, y_0)$ 在一切点 (x, y) 有

$$f(x, y) \leqslant f(x_0, y_0)(\text{或} f(x, y) \geqslant f(x_0, y_0)),$$

则称函数 $z = f(x, y)$ 在点 $P(x_0, y_0)$ 处有**极大值** $f(x_0, y_0)$(或**极小值** $f(x_0, y_0)$).

点 $P(x_0, y_0)$ 称为函数 $z = f(x, y)$ 的**极值点**.

如图 $3-4-1$ 所示,函数 $f(x, y) = x^2 + y^2$ 在点 $(0, 0)$ 处有极小值,极小值为 0; 如图 $3-4-2$ 所示,函数 $z = \sqrt{1 - x^2 - y^2}$ 在点 $(0, 0)$ 处取得极大值.

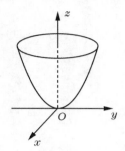

图 $3-4-1$

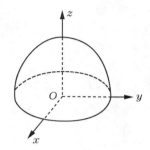

图 $3-4-2$

如果函数 $z = f(x, y)$ 在点 $P(x_0, y_0)$ 处取得极值,那么,暂定 $y = y_0$,一元函数 $z = f(x, y_0)$ 在 $x = x_0$ 处也取得极值,而依据一元函数取得极值的必要条件,就有 $f'_x(x_0, y_0) = 0$. 同理,也有 $f'_y(x_0, y_0) = 0$. 从而得到二元函数极值存在的必要条件.

定理 3.4.1(极值存在的必要条件)　设函数 $z = f(x, y)$ 在点 (x_0, y_0) 处偏导数存在且取得极值,则必有 $f'_x(x_0, y_0) = 0, f'_y(x_0, y_0) = 0$.

使两个偏导数同时为零的点称为函数的**驻点**. 由定理 3.4.1 可知,可微函数的极值点必是驻点,但是,函数的驻点未必是极值点. 例如,函数 $z = x^2 - y^2$,在点 $(0, 0)$,有 $z_x(0, 0) = 2x \big|_{(0,0)} = 0, z_y(0, 0) = -2y \big|_{(0,0)} = 0$,即点 $(0, 0)$ 是驻点,但不是函数的极值点.

定理 3.4.2(极值存在的充分条件)　设函数 $z = f(x, y)$ 在点 (x_0, y_0) 的某邻域内有一阶及二阶连续偏导数,且 $f'_x(x_0, y_0) = 0, f'_y(x_0, y_0) = 0$,记作 $f''_{xx}(x_0, y_0) = A, f''_{xy}(x_0, y_0) = B, f''_{yy}(x_0, y_0) = C, \Delta = B^2 - AC$,则

(1)当 $\Delta < 0$ 时,函数 $z = f(x, y)$ 在点 $P_0(x_0, y_0)$ 处有极值,且当 $A < 0$ 时有极大值,当 $A > 0$ 时有极小值;

(2)当 $\Delta > 0$ 时,函数 $z = f(x, y)$ 在点 $P_0(x_0, y_0)$ 处没有极值;

(3)当 $\Delta = 0$ 时,函数 $z = f(x, y)$ 在点 $P_0(x_0, y_0)$ 处可能有极值,也可能没有极值,需另作讨论.

由此,可归纳出求二元函数极值的步骤为:

第 1 步,求偏导数并解方程组 $\begin{cases} f'_x(x_0, y_0) = 0 \\ f'_y(x_0, y_0) = 0 \end{cases}$,求得一切实数解,可得到函数的所

有驻点；

第 2 步，对于每个驻点 (x_0,y_0)，求出二阶偏导数的值 A、B 及 C；

第 3 步，写出 $\Delta=AC-B^2$ 的符号，按定理 3.4.2 判定 $f(x_0,y_0)$ 是否为极值，是极大值还是极小值，并算出极值．

例 3.4.1 求函数 $f(x,y)=x^3+y^3-3xy$ 的极值．

解：先解方程组 $\begin{cases} f'_x(x,y)=3x^2-3y=0 \\ f'_y(x,y)=3y^2-3x=0 \end{cases}$，

求得驻点为 $(0,0)$ 和 $(1,1)$．

再求函数 $f(x,y)=x^3+y^3-3xy$ 的二阶偏导数，

$$f''_{xx}(x,y)=6x,\ f''_{xy}(x_0,y_0)=-3,\ f''_{yy}(x_0,y_0)=6y.$$

在点 $(0,0)$ 处，$A=0,B=-3,C=0,\Delta=B^2-AC=9>0$，所以，函数在点 $(0,0)$ 处没有极值．在点 $(1,1)$ 处，$A=6,B=-3,C=6,\Delta=B^2-AC=-27<0$，所以，函数在点 $(1,1)$ 处有极小值 $f(1,1)=1$．

3.4.2 二元函数的最值

如果函数 $z=f(x,y)$ 在有界闭区域 D 上连续，则 $f(x,y)$ 在 D 上必定能取到最大值和最小值．连续函数 $z=f(x,y)$ 在 D 上最值的求法为：

(1)求出函数 $z=f(x,y)$ 在 D 内的驻点及偏导数不存在的点处的函数值；

(2)求出函数 $z=f(x,y)$ 在 D 的边界上的最大值与最小值；

(3)将上述函数值进行比较，最大者即为最大值，最小者即为最小值．

对于实际问题中的最值问题，如果 $f(x,y)$ 在 D 内只有唯一的驻点，又根据问题的实际意义知其最值一定能在 D 内取得，则该驻点处的函数值就是所求的最值．

例 3.4.2 求 $f(x,y)=3x^2+3y^2-2x^3$ 在区域 $D=\{(x,y)\,|\,x^2+y^2\leqslant2\}$ 上的最大值与最小值．

解：解方程组 $\begin{cases} f'_x(x,y)=6x-6x^2=0 \\ f'_y(x,y)=6y=0 \end{cases}$，

得驻点 $(0,0)$ 与 $(1,0)$，两驻点在 D 的内部，且 $f(0,0)=0,f(1,0)=1$．

求函数 $f(x,y)=3x^2+3y^2-2x^3$ 在边界 $x^2+y^2=2$ 上的最值，

在边界 $x^2+y^2=2$ 上有 $y^2=2-x^2(-\sqrt{2}\leqslant x\leqslant\sqrt{2})$，代入 $f(x,y)$，记为 $g(x)$，

$$g(x)=6-2x^3 \quad (-\sqrt{2}\leqslant x\leqslant\sqrt{2}),$$

利用一元函数求最值的方法求得最大值为 $g(-\sqrt{2})=6+4\sqrt{2}$，最小值为 $g(\sqrt{2})=6-4\sqrt{2}$，即 $f(x,y)$ 在边界上最大值 $f(-\sqrt{2},0)=6+4\sqrt{2}$，最小值 $f(\sqrt{2},0)=6-4\sqrt{2}$．

将 $f(x,y)$ 在 D 内驻点处的函数值及边界上的最大值与最小值比较,得 $f(x,y)$ 在区域 D 上的最大值为 $f(-\sqrt{2},0)=6+4\sqrt{2}$,最小值为 $f(0,0)=0$.

 习题 3.4

1. 求下列函数的极值.

(1)$z=6xy-x^3-y^3$;   (2)$z=e^{2x}(x+y^2+2y)$.

2. 在平面 $3x-2z=0$ 上求一点,使它与点 $(1,1,1)$ 和点 $(2,3,4)$ 的距离平方和最小.

3. 在所有对角线为 $2\sqrt{3}$ 的长方体中,求最大体积的长方体.

4. 设 $z=z(x,y)$ 是由方程 $x^2+y^2z^3-2x+4y-6z-11=0(z>0)$ 所确定的函数,求该函数的极值.

§3.5   导数在经济中的应用

3.5.1   边际与边际分析

在经济学中,边际是与导数密切相关的一个经济学概念,它反映的是一种经济变量相对于另一种经济变量的变化率.

定义 3.5.1   设函数 $y=f(x)$ 在 x 可导,则称导函数 $f'(x)$ 为 $f(x)$ 的**边际函数**. 它表示当 $x=x_0$ 时,x 改变 1 个单位,y 改变 $f'(x_0)$ 个单位.

在经济学中,成本函数 $C(Q)$ 的导数 $C'(Q)$ 称为**边际成本**,收入函数 $R(Q)$ 的导数 $R'(Q)$ 称为**边际收入**,利润函数 $L(Q)$ 的导数 $L'(Q)$ 称为**边际利润**.

例 3.5.1   设生产某种产品 Q 个单位的总成本为 $C(Q)=100+\dfrac{1}{4}Q^2$,试求当 $Q=10$ 时的总成本及边际成本,并解释边际成本的经济意义.

解:由 $C(Q)=100+\dfrac{1}{4}Q^2$,可得边际成本函数为

$$C'(Q)=\frac{Q}{2}.$$

当 $Q=10$ 时,总成本为 $C(10)=125$,边际成本为 $C'(10)=5$.

其经济意义为:当产量为 10 个单位时,每增加 1 个单位产量,总成本需增加 5 个

单位.

例 3.5.2　某企业的成本函数和收入函数分别为 $C(Q)=1\,000+5Q+\dfrac{Q^2}{10}$，$R(Q)=200Q+\dfrac{Q^2}{20}$．求：(1)边际成本、边际收入、边际利润；(2)生产多少产品可以获得最大利润．

解：(1)边际成本 $C'(Q)=5+\dfrac{Q}{5}$；

边际收入 $R'(Q)=200+\dfrac{Q}{10}$；

边际利润 $L'(Q)=R'(Q)-C'(Q)=195-\dfrac{Q}{10}$．

(2)令 $L'(Q)=195-\dfrac{Q}{10}=0$，得 $Q=1\,950$，$L(Q)$ 取得最大值．

所以生产 1 950 件产品将获得最大利润．

3.5.2　弹性与弹性分析

弹性是经济学中的另一个重要概念，它用来定量地描述一个经济变量对另一个经济变量变化的反应程度．

定义 3.5.2　设函数 $y=f(x)$ 在点 x_0 处可导，函数的相对改变量 $\dfrac{\Delta y}{y_0}=\dfrac{f(x_0+\Delta x)-f(x_0)}{f(x_0)}$ 与自变量的相对改变量 $\dfrac{\Delta x}{x_0}$ 之比 $\dfrac{\Delta y/y_0}{\Delta x/x_0}$ 称为函数 $y=f(x)$ 在 x_0 与 $x_0+\Delta x$ **两点间的弹性**，或两点间的相对变化率．

当 $\Delta x\to 0$ 时，$\dfrac{\Delta y/y_0}{\Delta x/x_0}$ 的极限

$$\lim_{\Delta x\to 0}\frac{\Delta y/y_0}{\Delta x/x_0}=\lim_{\Delta x\to 0}\frac{\Delta y}{\Delta x}\cdot\frac{x_0}{y_0}=f'(x_0)\cdot\frac{x_0}{f(x_0)} \tag{3.5.1}$$

称为函数 $y=f(x)$ 在点 x_0 处的**弹性**或**相对变化率**，记为 $\left.\dfrac{Ey}{Ex}\right|_{x=x_0}$ 或 $\dfrac{E}{Ex}f(x_0)$，它表示在点 x_0 处，当 x 改变 1% 时，函数 $y=f(x)$ 改变 $\dfrac{E}{Ex}f(x_0)\%$．

对于一般的 x，如果 $y=f(x)$ 可导，且 $f(x)\neq 0$，则有

$$\frac{Ey}{Ex}=f'(x)\cdot\frac{x}{f(x)}. \tag{3.5.2}$$

它是 x 的函数，称为 $y=f(x)$ 的**弹性函数**，简称**弹性**．

1. 需求价格弹性

需求价格弹性衡量需求量对价格变动的反应程度.

定义 3.5.3 设某商品的需求函数 $Q=f(P)$（P 为商品价格，Q 为需求量）在点 $P=P_1$ 处可导，$Q_1=f(P_1)$，$Q_2=f(P_2)$，ΔQ 表示需求量的变动量，ΔP 表示价格的变动量. 由于一种物品的需求量与其价格负相关，所以，数量变动的百分比与价格变动的百分比的符号总是相反的. 我们遵循一般做法，让需求价格弹性为正数，得到

$$\eta(P_1,P_2)=-\frac{\Delta Q}{\Delta P} \cdot \frac{(P_1+P_2)/2}{(Q_1+Q_2)/2}.$$

这就是该商品在 P_1 和 P_2 两点间的需求的**价格弹性**.

注意：由于涨价与降价时，即使对于同一条需求曲线，计算的初始值不同而需求价格弹性不同. 所以，我们一般采用中点法计算弹性.

当需求曲线上两点之间的变化量趋于无穷小时，需求的价格弹性要用点弹性来表示. 也就是说，它表示需求曲线上某一点的需求量变动对于价格变动的反应程度. 所以，需求的价格**点弹性公式**可表示为：

$$\eta(P)=\lim_{\Delta P \to 0}-\frac{\Delta Q}{\Delta P} \cdot \frac{P}{Q}=-\frac{\mathrm{d}Q}{\mathrm{d}P} \cdot \frac{P}{Q}.$$

根据需求弹性的大小，可分为三种情况：

(1)当 $\eta(P)>1$ 时，称**需求富有弹性**，此时需求变动的幅度大于价格变动的幅度，价格变动对需求量的影响较大.

(2)当 $\eta(P)=1$ 时，称**需求有单位弹性**，此时需求变动的幅度等于价格变动的幅度.

(3)当 $\eta(P)<1$ 时，称**需求缺乏弹性**，此时需求变动的幅度小于价格变动的幅度，价格变动对需求量的影响不大.

例 3.5.4 已知某商品的需求函数为 $Q=f(P)=\dfrac{1\,200}{P}$，求：(1)$\eta(30,25)$，并解释其经济意义；(2)需求弹性函数 $\eta(P)$；(3)$P=28$ 时的需求弹性 $\eta(28)$，并解释其经济意义.

解：(1)当 $P_1=30$ 时，有 $Q_1=\dfrac{1\,200}{P_1}=40$.

当 $P_2=25$ 时，有 $Q_2=\dfrac{1\,200}{P_2}=48$.

从而

$$\Delta P=P_2-P_1=-5, \Delta Q=Q_2-Q_1=8.$$

故

$$\eta(30,25)=-\frac{\Delta Q}{\Delta P} \cdot \frac{(P_1+P_2)/2}{(Q_1+Q_2)/2}=-1.$$

其经济意义为：当商品价格 P 从 30 降到 25 时，在该区间内，价格 P 从 30 每降低 1%，需求量从 40 平均增加 1%.

（2）因为 $f'(P) = -\dfrac{1\,200}{P^2}$，所以需求弹性函数

$$\eta(P) = -f'(P) \cdot \frac{P}{f(P)} = -\left(-\frac{1\,200}{P^2}\right) \cdot \frac{P}{\dfrac{1\,200}{P}} = 1.$$

（3）$P=28$ 时的需求弹性为 $\eta(28)=1$.

其经济意义为：当 $P=28$ 时，价格每上涨（下跌）1%，需求量则减少（增加）1%.

2. 供给价格弹性

供给价格弹性表示在一定时期内一种商品的供应量变动对于该商品的价格变动的反应程度，是商品的供应量变动率与价格变动率之比.

供给的价格弧弹性的公式为：

$$\eta(P_1, P_2) = \frac{\Delta Q}{\Delta P} \cdot \frac{(P_1 + P_2)/2}{(Q_1 + Q_2)/2},$$

供给的价格点弹性的公式为：

$$\eta(P) = \lim_{\Delta P \to 0} \frac{\Delta Q}{\Delta P} \cdot \frac{P}{Q} = \frac{\mathrm{d}Q}{\mathrm{d}P} \cdot \frac{P}{Q}.$$

供给价格弹性的情况与需求价格弹性情况类似，在此不再赘述.

 **习题 3.5**

1. 设某种商品每月产量为 Q 吨时，总成本函数为 $C(Q) = \dfrac{1}{4}Q^2 + 8Q + 4\,900$，求最低平均成本和相应产量的边际成本.（单位：元）

2. 已知某商品的成本函数为 $C(Q) = 100 + \dfrac{Q^2}{4}$，求当 $Q=10$ 时的总成本及边际成本.

3. 已知生产某种商品 Q 件时的总成本为 $C(Q) = 10 + 5Q + 0.2Q^2$，假设产量与销量相等，如果每出售一件该商品的收益为 9 万元，求：（1）该商品的利润函数 $L(Q)$；（2）生产多少件商品时利润最大，并求最大利润值.（单位：万元）

4. 设某产品的需求函数为 $P = 20 - \dfrac{Q}{5}$，其中 P 为价格，Q 为销售量，求销售量为 15 个单位时的总收益和边际收益.

5. 已知某商品的需求函数为 $Q = 75 - P^2$，求：（1）$\eta(5,8)$，并解释其经济意义；

(2)需求弹性函数 $\eta(P)$;(3)$\eta(3)$、$\eta(5)$ 和 $\eta(8)$,并解释其经济意义.

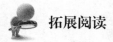 **拓展阅读**

易拉罐的最优设计

市场上的易拉罐的形状和尺寸几乎都是一样的(如可口可乐、青岛啤酒等),这应是某种意义下的最优设计,请用数学知识解释.

设易拉罐是一个正圆柱体,厚度忽略不计.其体积一定时,求表面积最小的尺寸(半径和高之比).

由公式 $S(r,h)=2\pi rh+2\pi r^2$,$V=\pi r^2 h \Rightarrow h=\dfrac{V}{\pi r^2}$,

又由 $S'(r)=2\pi\left(2R-\dfrac{V}{\pi r^2}\right)=0$,求得 $r=\sqrt[3]{\dfrac{V}{2\pi}}$,

故 $h=\dfrac{V}{\pi r^2}=\dfrac{V}{\pi}\sqrt[3]{\dfrac{4\pi^2}{V^2}}=2r=\mathrm{d}$.

即易拉罐的高与底面直径相等,但此结果与我们常见的易拉罐形状不符.

我们用手摸一下罐顶盖、底盖与侧面,可以发现硬度不一样,说明厚度不同.那么,我们考虑厚度因素,重新建立易拉罐优化设计模型.

为了便于计算,易拉罐侧面较薄,故设罐侧厚为 a,底盖、顶盖厚度为 $k_1 a$,$k_2 a$.

易拉罐侧面所用材料的体积为 $2\pi rahh$;

顶盖、底部所用材料的体积分别为 $ak_2\pi(r+a)^2$,$ak_1\pi(r+a)^2$.

故

$V_1(r,h)=\pi(r+a)^2 h-\pi r^2 h+ak_1\pi(r+a)^2+ak_2\pi(r+a)^2$;

$V(r,h)=\pi r^2 h$;

把 $V(r,h)=\pi r^2 h$ 作为约束条件,构造拉格朗日函数

$L(r,h,\lambda)=\pi(r+a)^2 h-\pi r^2 h+ak_1\pi(r+a)^2+ak_2\pi(r+a)^2-\lambda(\pi r^2 h-V)$.

因为 $a\ll r$,便于计算,故带 a^2,a^3 的项可以忽略.

对函数求偏导,令导数为零,可求得

$$r=\sqrt[3]{\dfrac{V}{\pi(k_1+k_2)}},\ h=\sqrt[3]{\dfrac{V(k_1+k_2)^2}{\pi}},\ \dfrac{h}{r}=k_1+k_2.$$

可见,使 V_s 最小的 $r:h$ 值,取决于 k_1,k_2 值.

这与我们在生活实践中见到的一致.

第四章 不定积分

已知一个函数 $f(x)$，求它的导数 $F'(x) = f(x)$，是微分学研究的基本问题．而已知一个函数的导数 $f(x)$，求原来的函数 $F(x)$，是微分学的逆问题，也是本章讨论的中心问题．

§4.1 不定积分的概念与性质

4.1.1 原函数与不定积分

1．原函数

有许多实际问题，要求我们解决微分的逆运算，即由某函数的已知导数去求原来的函数．

例如，已知物体在 t 时刻的运动速度 $v(t) = S'(t)$，求物体运动的位置函数 $S(t)$；已知曲线的切线斜率 $k = F'(x)$，求曲线方程 $y = F(x)$ 等，为此我们先引进原函数的概念．

定义 4.1.1 设 $F(x)$ 和 $f(x)$ 在某区间上有定义，如果在该区间上任一点 x 都有
$$F'(x) = f(x) \text{ 或 } \mathrm{d}F(x) = f(x)\mathrm{d}x,$$
则称 $F(x)$ 是 $f(x)$ 在该区间上的一个**原函数**．

例如，$(\sin x)' = \cos x$，所以 $\sin x$ 是 $\cos x$ 的原函数；$\left(\dfrac{1}{3}x^3\right)' = x^2$，所以 $\dfrac{1}{3}x^3$ 是 x^2 的原函数．显然，$\dfrac{1}{3}x^3 + 2$，$\dfrac{1}{3}x^3 + \sqrt{3}$，$\dfrac{1}{3}x^3 + C$（$C$ 为任意常数）也都是 x^2 的原函数．

可见，一个函数的原函数如果存在，则必有无穷多个．

2．不定积分

定义 4.1.2 函数 $f(x)$ 的全部原函数，称为 $f(x)$ 的**不定积分**，记作 $\displaystyle\int f(x)\mathrm{d}x$．

其中,$\int$ 称为积分号,$f(x)$ 称为**被积函数**,$f(x)\mathrm{d}x$ 称为**被积表达式**,x 称为**积分变量**.

如果 $F(x)$ 是 $f(x)$ 的一个原函数,则根据定义有

$$\int f(x)\mathrm{d}x = F(x) + C,$$

其中,C 是任意常数,称为**积分常数**.

由此可见,求 $f(x)$ 的不定积分实际上只需求出它的一个原函数,再加上任意常数 C 即可.

例 4.1.1 求下列不定积分:

(1) $\int 2x\,\mathrm{d}x$;   (2) $\int \sin x\,\mathrm{d}x$;   (3) $\int \dfrac{1}{x}\mathrm{d}x$.

解:(1) 因为 $(x^2)' = 2x$,所以 $\int 2x\,\mathrm{d}x = x^2 + C$;

(2) 因为 $(-\cos x)' = \sin x$,所以 $\int \sin x\,\mathrm{d}x = -\cos x + C$.

(3) 因为 $x > 0$ 时,$(\ln x)' = \dfrac{1}{x}$,$x < 0$ 时,$[\ln(-x)]' = \dfrac{-1}{-x} = \dfrac{1}{x}$,所以 $\int \dfrac{1}{x}\mathrm{d}x = \ln|x| + C$.

4.1.2 不定积分的几何意义

如果 $F(x)$ 是 $f(x)$ 的一个原函数,则曲线 $y = F(x)$ 称为 $f(x)$ 的一条**积分曲线**.将其沿 y 轴方向任意平行移动,就得到积分曲线族,即 $y = F(x) + C$.在每一条积分曲线上横坐标相同点处作切线,这些切线都是相互平行的,如图 4-1-1 所示.$f(x)$ 的不定积分的几何意义表示积分曲线族.积分曲线族 $y = \int 2x\,\mathrm{d}x = x^2 + C$,如图 4-1-2 所示.

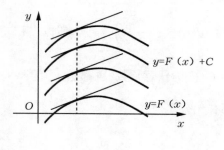

图 4-1-1

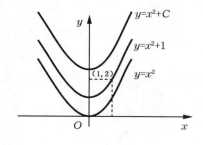

图 4-1-2

4.1.3　不定积分的性质与基本公式

1. 不定积分的性质

根据不定积分的定义直接推出性质 1.

性质 1　$\left(\int f(x)\mathrm{d}x\right)' = f(x)$ 或 $\mathrm{d}\left(\int f(x)\mathrm{d}x\right) = f(x)\mathrm{d}x$，

及　$\int f'(x)\mathrm{d}x = f(x) + C$　或　$\int \mathrm{d}f(x) = f(x) + C$.

这就是说，如果先积分后微分，则二者的作用互相抵消；反之，如果先微分后积分，则二者的作用抵消后差一常数项.

性质 2　被积函数中不为零的常数因子可以提到积分号外，即

$$\int kf(x)\mathrm{d}x = k\int f(x)\mathrm{d}x\,(k\ \text{为常数且不等于零}).$$

性质 3　任意两个函数代数和的不定积分等于各个函数的不定积分的代数和，即

$$\int [f(x) \pm g(x)]\mathrm{d}x = \int f(x)\mathrm{d}x \pm \int g(x)\mathrm{d}x.$$

分项积分后的每个不定积分都应加上一个任意常数，但由于任意两个常数的和仍是任意常数，因此在结果中只要加上一个任意常数就可以了.

2. 不定积分的基本公式

因为求不定积分是求导数的逆运算，所以由导数公式可以相应地得出下列积分公式：

(1) $\int k\,\mathrm{d}x = kx + C\,(k\ \text{为常数})$；　　(2) $\int x^{\mu}\mathrm{d}x = \dfrac{1}{\mu+1}x^{\mu+1} + C\,(\mu \neq -1)$；

(3) $\int \dfrac{1}{x}\mathrm{d}x = \ln|x| + C$；　　(4) $\int \mathrm{e}^{x}\mathrm{d}x = \mathrm{e}^{x} + C$；

(5) $\int a^{x}\mathrm{d}x = \dfrac{a^{x}}{\ln a} + C$；　　(6) $\int \cos x\,\mathrm{d}x = \sin x + C$；

(7) $\int \sin x\,\mathrm{d}x = -\cos x + C$；　　(8) $\int \dfrac{1}{\cos^{2}x}\mathrm{d}x = \int \sec^{2}x\,\mathrm{d}x = \tan x + C$；

(9) $\int \dfrac{1}{\sin^{2}x}\mathrm{d}x = \int \csc^{2}x\,\mathrm{d}x = -\cot x + C$；　(10) $\int \sec x\tan x\,\mathrm{d}x = \sec x + C$；

(11) $\int \csc x\cot x\,\mathrm{d}x = -\csc x + C$；　　(12) $\int \dfrac{1}{1+x^{2}}\mathrm{d}x = \arctan x + C$；

(13) $\int \dfrac{1}{\sqrt{1-x^{2}}}\mathrm{d}x = \arcsin x + C$.

4.1.4   不定积分的直接积分法

利用不定积分的性质和基本积分公式,可求出一些简单函数的不定积分,通常把这种积分方法称为**直接积分法**.

例 4.1.2   求$\int\left(\cos x + \dfrac{7}{\sqrt{1-x^2}} - 3\right)\mathrm{d}x$.

解:$\int\left(\cos x + \dfrac{7}{\sqrt{1-x^2}} - 3\right)\mathrm{d}x = \int\cos x\,\mathrm{d}x + 7\int\dfrac{1}{\sqrt{1-x^2}}\mathrm{d}x - \int 3\mathrm{d}x$

$$= \sin x + 7\arcsin x - 3x + C.$$

例 4.1.3   求$\int\dfrac{(x-\sqrt{x})(1+\sqrt{x})}{\sqrt[3]{x}}\mathrm{d}x$.

解:$\int\dfrac{(x-\sqrt{x})(1+\sqrt{x})}{\sqrt[3]{x}}\mathrm{d}x = \int\dfrac{x\sqrt{x}-\sqrt{x}}{\sqrt[3]{x}}\mathrm{d}x = \int x^{\frac{7}{6}}\mathrm{d}x - \int x^{\frac{1}{6}}\mathrm{d}x$

$$= \dfrac{6}{13}x^{\frac{13}{6}} - \dfrac{6}{7}x^{\frac{7}{6}} + C.$$

例 4.1.4   求$\int x(x^2-1)^2\mathrm{d}x$.

解:$\int x(x^2-1)^2\mathrm{d}x = \int x(x^4-2x^2+1)\mathrm{d}x = \int(x^5-2x^3+x)\mathrm{d}x$

$$= \dfrac{1}{6}x^6 - \dfrac{1}{2}x^4 + \dfrac{1}{2}x^2 + C.$$

例 4.1.5   求$\int\dfrac{x^4}{1+x^2}\mathrm{d}x$.

解:先把被积函数进行恒等变形

$$\int\dfrac{x^4}{1+x^2}\mathrm{d}x = \int\dfrac{x^4-1+1}{1+x^2}\mathrm{d}x = \int\left(x^2-1+\dfrac{1}{1+x^2}\right)\mathrm{d}x$$

$$= \dfrac{1}{3}x^3 - x + \arctan x + C.$$

例 4.1.6   求$\int\cos^2\dfrac{x}{2}\mathrm{d}x$.

解:$\int\cos^2\dfrac{x}{2}\mathrm{d}x = \int\dfrac{1+\cos x}{2}\mathrm{d}x = \dfrac{1}{2}\int(1+\cos x)\mathrm{d}x = \dfrac{1}{2}x + \dfrac{1}{2}\sin x + C.$

 习题 4.1

1. 验证下列等式是否成立.

(1) $\int (1+x+x^2)\mathrm{d}x = x + \dfrac{1}{2}x^2 + \dfrac{1}{3}x^3 + C$;

(2) $\int x\sin x\,\mathrm{d}x = -x\cos x + C$;

2. 求下列不定积分.

(1) $\int x^2 \cdot \sqrt[3]{x}\,\mathrm{d}x$;

(2) $\int (3^x + \sec^2 x)\mathrm{d}x$;

(3) $\int \dfrac{x^2}{1+x^2}\mathrm{d}x$;

(4) $\int 2^x \mathrm{e}^x \mathrm{d}x$;

(5) $\int \left(\dfrac{1}{x}+\dfrac{x}{2}\right)^2 \mathrm{d}x$;

(6) $\int x(\sqrt{x}+3)\mathrm{d}x$;

(7) $\int \dfrac{x-4}{\sqrt{x}+2}\mathrm{d}x$;

(8) $\int \dfrac{x^3+x-1}{1+x^2}\mathrm{d}x$;

(9) $\int \dfrac{3\cdot 4^x - 3^x}{4^x}\mathrm{d}x$;

(10) $\int \sec x(\sec x + \tan x)\mathrm{d}x$;

(11) $\int \dfrac{1}{1+\cos 2x}\mathrm{d}x$;

(12) $\int \dfrac{\cos 2x}{\cos^2 x \cdot \sin^2 x}\mathrm{d}x$.

3. 设 $\int xf(x)\mathrm{d}x = \arccos x + C$,求 $f(x)$.

4. 设一曲线的任一点切线斜率为该点横坐标的 8 倍,且该曲线过点 $(1,0)$,求该曲线方程.

§4.2 换元积分法

利用不定积分的性质与基本公式,我们只能计算比较简单的不定积分.因此,有必要进一步研究不定积分的方法.最常用的基本方法是换元积分法与分部积分法,通过这些积分法可以把一些较复杂的积分化为基本公式的形式.

换元积分法简称换元法,通常分第一类换元法和第二类换元法.

4.2.1 第一类换元法

引例求 $\int \cos 3x\,\mathrm{d}x$.

这个积分用**直接积分法**是不易求出的,但可以"凑"成基本公式 $\int \cos x\,\mathrm{d}x$ 的形式,试把它改写为

$$\int \cos 3x \, \mathrm{d}x = \frac{1}{3} \int 3\cos 3x \, \mathrm{d}x = \frac{1}{3} \int \cos 3x \, \mathrm{d}(3x) \xlongequal{\diamondsuit u = 3x} \frac{1}{3} \int \cos u \, \mathrm{d}u = \frac{1}{3} \sin u + C$$

$$\xlongequal{\text{回代} u = 3x} \frac{1}{3} \sin 3x + C.$$

验证 $\left(\dfrac{1}{3} \sin 3x + C \right)' = \sin 3x$，即上面的方法是正确的.

这种积分的基本思想是：先凑微分，再作变量代换 $\varphi(x) = u$ 把要计算的积分化为基本公式的形式，求出原函数后再换回原来的变量. 这种积分法通常称为**第一换元法（或凑微分法）**.

如果被积函数的形式是 $f[\varphi(x)]\varphi'(x)$（或可以化为这种形式），且 $u = \varphi(x)$ 在某区间上可导，$f(u)$ 具有原函数 $F(u)$，则可以在 $\int f[\varphi(x)]\varphi'(x)\mathrm{d}x$ 的被积函数中将 $\varphi'(x)\mathrm{d}x$ 凑成微分 $\mathrm{d}\varphi(x)$，再作变量代换 $u = \varphi(x)$，然后对新变量 u 不定积分，就得到下面的换元公式：

$$\int f[\varphi(x)]\varphi'(x)\mathrm{d}x = \int f[\varphi(x)]\mathrm{d}\varphi(x)$$

$$\xlongequal{\diamondsuit u = \varphi(x)} \int f(u)\mathrm{d}u = F(u) + C$$

$$\xlongequal{\text{回代} u = \varphi(x)} F[\varphi(x)] + C.$$

例 4.2.1　求 $\displaystyle\int \dfrac{1}{x+2}\mathrm{d}x$.

解：被积表达式 $\dfrac{1}{x+2}\mathrm{d}x = \dfrac{1}{x+2}(x+2)'\mathrm{d}x = \dfrac{\mathrm{d}(x+2)}{x+2}$，于是

$$\int \frac{1}{x+2}\mathrm{d}x = \int \frac{\mathrm{d}(x+2)}{x+2} \xlongequal{\diamondsuit u = x+2} \int \frac{\mathrm{d}u}{u} = \ln|u| + C$$

$$\xlongequal{\text{回代} u = x+2} \ln|x+2| + C.$$

一般地，在我们对变量代换比较熟练后，可省去书写中间变量的换元和回代过程.

例 4.2.2　求 $\displaystyle\int (3x+2)^5 \mathrm{d}x$.

解：$\displaystyle\int (3x+2)^5 \mathrm{d}x = \frac{1}{3}\int (3x+2)^5 \mathrm{d}(3x+2) = \frac{1}{18}(3x+2)^6 + C.$

一般地，有 $\displaystyle\int f(ax+b)\mathrm{d}x \xlongequal{u=ax+b} \frac{1}{a}\int f(u)\mathrm{d}u.$

例 4.2.3　求 $\displaystyle\int x(x^2+1)^2 \mathrm{d}x$.

解: $\displaystyle\int x(x^2+1)^2\mathrm{d}x = \frac{1}{2}\int(x^2+1)^2\mathrm{d}(x^2+1) = \frac{1}{2}\cdot\frac{1}{3}(x^2+1)^3 + C$

$$= \frac{1}{6}(x^2+1)^3 + C.$$

一般地,有$\displaystyle\int x^{n-1}f(x^n)\mathrm{d}x \xlongequal{u=x^n} \frac{1}{n}\int f(u)\mathrm{d}u.$

例 4.2.4 求$\displaystyle\int\frac{1}{a^2+x^2}\mathrm{d}x.$

解: $\displaystyle\int\frac{1}{a^2+x^2}\mathrm{d}x = \int\frac{1}{a^2\left(1+\dfrac{x^2}{a^2}\right)}\mathrm{d}x = \frac{1}{a}\int\frac{1}{1+\left(\dfrac{x}{a}\right)^2}\mathrm{d}\left(\frac{x}{a}\right)$

$$= \frac{1}{a}\arctan\frac{x}{a} + C.$$

例 4.2.5 求$\displaystyle\int\frac{\mathrm{e}^x}{1+\mathrm{e}^x}\mathrm{d}x.$

解: $\displaystyle\int\frac{\mathrm{e}^x}{1+\mathrm{e}^x}\mathrm{d}x = \int\frac{1}{1+\mathrm{e}^x}\mathrm{d}(1+\mathrm{e}^x) = \ln(1+\mathrm{e}^x) + C.$

例 4.2.6 求$\displaystyle\int\frac{\ln^2 x}{x}\mathrm{d}x.$

解: $\displaystyle\int\frac{\ln^2 x}{x}\mathrm{d}x = \int\ln^2 x\cdot\frac{1}{x}\mathrm{d}x = \int\ln^2 x\,\mathrm{d}\ln x = \frac{1}{3}\ln^3 x + C.$

例 4.2.7 求$\displaystyle\int\tan x\,\mathrm{d}x.$

解: $\displaystyle\int\tan x\,\mathrm{d}x = \int\frac{\sin x}{\cos x}\mathrm{d}x = -\int\frac{(\cos x)'}{\cos x}\mathrm{d}x = -\int\frac{\mathrm{d}(\cos x)}{\cos x} = -\ln|\cos x| + C.$

同理得$\displaystyle\int\cot x\,\mathrm{d}x = \ln|\sin x| + C.$

例 4.2.8 求$\displaystyle\int\sin^3 x\cos^2 x\,\mathrm{d}x.$

解: $\displaystyle\int\sin^3 x\cos^2 x\,\mathrm{d}x = \int\sin^2 x\cos^2 x\cdot\sin x\,\mathrm{d}x = -\int\sin^2 x\cos^2 x\,\mathrm{d}\cos x$

$$= -\int(1-\cos^2 x)\cos^2 x\,\mathrm{d}\cos x = \int(\cos^4 x - \cos^2 x)\mathrm{d}\cos x$$

$$= \int\cos^4 x\,\mathrm{d}\cos x - \int\cos^2 x\,\mathrm{d}\cos x$$

$$= \frac{1}{5}\cos^5 x - \frac{1}{3}\cos^3 x + C.$$

当被积函数是三角函数的乘积时,拆开奇次项去凑微分;当被积函数为三角函数的偶数次幂时,常用半角公式通过降低幂次的方法来计算.

例 4.2.9   求 $\int \sin^2 x \, dx$.

解：$\int \sin^2 x \, dx = \int \dfrac{1 - \cos 2x}{2} \, dx = \dfrac{1}{2} \left(\int dx - \int \cos 2x \, dx \right)$

$$= \dfrac{1}{2} \left[\int dx - \dfrac{1}{2} \int \cos 2x \, d(2x) \right]$$

$$= \dfrac{1}{2} \left(x - \dfrac{1}{2} \sin 2x \right) + C = \dfrac{1}{2} x - \dfrac{1}{4} \sin 2x + C.$$

常用的凑微分法有：

(1) $\int f(ax + b) \, dx = \dfrac{1}{a} \int f(ax + b) \, d(ax + b)$;

(2) $\int f(ax^n + b) x^{n-1} \, dx = \dfrac{1}{an} \int f(ax^n + b) \, d(ax^n + b)$;

(3) $\int f(\sqrt{x}) \dfrac{1}{\sqrt{x}} \, dx = 2 \int f(\sqrt{x}) \, d\sqrt{x}$;

(4) $\int f\left(\dfrac{1}{x} \right) \dfrac{1}{x^2} \, dx = -\int f\left(\dfrac{1}{x} \right) d\left(\dfrac{1}{x} \right)$;

(5) $\int f(e^x) e^x \, dx = \int f(e^x) \, de^x$;

(6) $\int f(\ln x) \cdot \dfrac{1}{x} \, dx = \int f(\ln x) \, d\ln x$;

(7) $\int f(\sin x) \cos x \, dx = \int f(\sin x) \, d\sin x$;

(8) $\int f(\cos x) \sin x \, dx = -\int f(\cos x) \, d\cos x$;

(9) $\int f(\tan x) \dfrac{1}{\cos^2 x} \, dx = \int f(\tan x) \, d\tan x$;

(10) $\int f(\arcsin x) \dfrac{1}{\sqrt{1 - x^2}} \, dx = \int f(\arcsin x) \, d\arcsin x$;

(11) $\int f(\arctan x) \dfrac{1}{1 + x^2} \, dx = \int f(\arctan x) \, d\arctan x$;

(12) $\int \dfrac{\varphi'(x)}{\varphi(x)} \, dx = \int \dfrac{d\varphi(x)}{\varphi(x)} = \int d\ln |\varphi(x)|$.

下面再给出几个不定积分计算的例题，请读者悉心体会计算方法．

例 4.2.10   求 $\int \dfrac{1}{a^2 - x^2} \, dx$.

解：$\int \dfrac{1}{a^2 - x^2} \, dx = \int \dfrac{1}{(a + x)(a - x)} \, dx = \dfrac{1}{2a} \int \left(\dfrac{1}{a - x} + \dfrac{1}{a + x} \right) dx$

$$= \frac{1}{2a}\int \frac{1}{a-x}\mathrm{d}x + \frac{1}{2a}\int \frac{1}{a+x}\mathrm{d}x$$

$$= -\frac{1}{2a}\int \frac{1}{a-x}\mathrm{d}(a-x) + \frac{1}{2a}\int \frac{1}{a+x}\mathrm{d}(a+x)$$

$$= -\frac{1}{2a}\ln|a-x| + \frac{1}{2a}\ln|a+x| + C = \frac{1}{2a}\ln\left|\frac{a+x}{a-x}\right| + C.$$

例 4.2.11　求 $\displaystyle\int \tan^3 x \sec^3 x \,\mathrm{d}x$.

解：$\displaystyle\int \tan^3 x \sec^3 x \,\mathrm{d}x = \int \tan^2 x \sec^2 x \cdot (\sec x \tan x)\mathrm{d}x = \int \tan^2 x \sec^2 x \,\mathrm{d}\sec x$

$$= \int (\sec^2 x - 1)\sec^2 x \,\mathrm{d}\sec x = \int (\sec^4 x - \sec^2 x)\mathrm{d}\sec x$$

$$= \int \sec^4 x \,\mathrm{d}\sec x - \int \sec^2 x \,\mathrm{d}\sec x$$

$$= \frac{1}{5}\sec^5 x - \frac{1}{3}\sec^3 x + C.$$

例 4.2.12　求 $\displaystyle\int \sin 5x \cos 3x \,\mathrm{d}x$.

解：由 $\sin A \cos B = \dfrac{1}{2}\big[\sin(A+B) + \sin(A-B)\big]$，于是

$$\int \sin 5x \cos 3x \,\mathrm{d}x = \int \frac{1}{2}\big[\sin(5x+3x) + \sin(5x-3x)\big]\mathrm{d}x = \frac{1}{2}\int (\sin 8x$$

$$+ \sin 2x)\mathrm{d}x$$

$$= \frac{1}{2}\int \sin 8x \,\mathrm{d}x + \frac{1}{2}\int \sin 2x \,\mathrm{d}x = \frac{1}{16}\int \sin 8x \,\mathrm{d}8x + \frac{1}{4}\int \sin 2x \,\mathrm{d}2x$$

$$= -\frac{1}{16}\cos 8x - \frac{1}{4}\cos 4x + C.$$

4.2.2　第二类换元积分法

第一类换元法是选择新的积分变量为 $u = \varphi(x)$，但对有些被积函数则需要作相反方式的换元，即令 $x = \varphi(t)$，把 t 作为新积分变量，才能积出结果，即

$$\int f(x)\mathrm{d}x \xrightarrow{\ \text{令} x=\varphi(t)\ } \int f[\varphi(t)]\varphi'(t)\mathrm{d}t \xrightarrow{\ \text{积分}\ } F(t) + C$$

$$\xrightarrow{\ \text{回代} t=\varphi^{-1}(x)\ } F[\varphi^{-1}(x)] + C.$$

这种方法称为**第二类换元法**. 选择变换 $x = \varphi(t)$ 时，要求它单调可导 $\varphi'(t) \neq 0$，且其反函数 $t = \varphi^{-1}(x)$ 存在.

例 4.2.13　求 $\displaystyle\int \frac{1}{1+\sqrt{x}}\mathrm{d}x$.

解: 令 $\sqrt{x}=t$,则 $x=t^2$, $\mathrm{d}x=2t\,\mathrm{d}t$,

$$\int\frac{1}{1+\sqrt{x}}\mathrm{d}x=\int\frac{1}{1+t}\cdot 2t\,\mathrm{d}t=2\int\left(1-\frac{1}{1+t}\right)\mathrm{d}t=2t-2\ln|1+t|+C$$

$$=2t-2\ln|1+t|+C=2\sqrt{x}-2\ln(1+\sqrt{x})+C.$$

被积函数中含被开方因式为一次式的根式 $\sqrt[n]{ax+b}$ 时,令 $\sqrt[n]{ax+b}=t$,可以消去根号,从而求得积分.

例 4.2.14 求 $\displaystyle\int\frac{1}{\sqrt{x}+\sqrt[3]{x}}\mathrm{d}x$.

解: 令 $t=\sqrt[6]{x}$,则 $x=t^6$, $\mathrm{d}x=6t^5\,\mathrm{d}t$,

$$\int\frac{1}{\sqrt{x}+\sqrt[3]{x}}\mathrm{d}x=\int\frac{1}{t^3+t^2}\cdot 6t^5\,\mathrm{d}t=6\int\frac{t^3}{1+t}\mathrm{d}t=6\int\frac{t^3+1-1}{1+t}\mathrm{d}t$$

$$=6\int\left(t^2-t+1-\frac{1}{1+t}\right)\mathrm{d}t$$

$$=2t^3-3t^2+6t-\ln|1+t|+C$$

$$=2\sqrt{x}-3\sqrt[3]{x}+6\sqrt[6]{x}+\ln(1+\sqrt[6]{x})+C.$$

例 4.2.15 求 $\displaystyle\int\sqrt{a^2-x^2}\,\mathrm{d}x\,(a>0)$.

解: 为了把被积函数的根号去掉,令 $x=a\sin t$,取 $t\in\left[-\dfrac{\pi}{2},\dfrac{\pi}{2}\right]$ 时,函数 $x=a\sin t$ 单调, $\mathrm{d}x=a\cos t\,\mathrm{d}t$, $\sqrt{a^2-x^2}=a\cos t$. 于是

$$\int\sqrt{a^2-x^2}\,\mathrm{d}x=\int a\cos t\cdot a\cos t\,\mathrm{d}t=a^2\int\cos^2 t\,\mathrm{d}t$$

$$=a^2\int\frac{1+\cos 2t}{2}\mathrm{d}t$$

$$=a^2\left(\frac{t}{2}+\frac{1}{4}\sin 2t\right)+C.$$

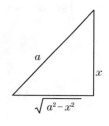

图 4-2-1

为了把 t 回代成 x 的函数,我们利用如图 4-2-1 所示的直角三角形,得

$$\sin t=\frac{x}{a},\cos t=\frac{\sqrt{a^2-x^2}}{a},$$

所以 $\displaystyle\int\sqrt{a^2-x^2}\,\mathrm{d}x=\frac{a^2}{2}\arcsin\frac{x}{a}+\frac{1}{2}x\sqrt{a^2-x^2}+C.$

例 4.2.16 求 $\displaystyle\int\frac{\mathrm{d}x}{(a^2+x^2)^{\frac{3}{2}}}\,(a>0)$.

解：为去根号，令 $x = a\tan t$ $\left(-\dfrac{\pi}{2} < t < \dfrac{\pi}{2}\right)$，$\mathrm{d}x = a\sec^2 t\,\mathrm{d}t$.

$$\int \frac{\mathrm{d}x}{(a^2 + x^2)^{\frac{3}{2}}} = \int \frac{a\sec^2 t\,\mathrm{d}t}{a^3\sec^3 t} = \frac{1}{a^2}\int \cos t\,\mathrm{d}t = \frac{1}{a^2}\sin t + C.$$

由图 $4-2-2$ 的直角三角形，得 $\sin t = \dfrac{x}{\sqrt{a^2 + x^2}}$.

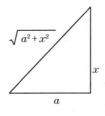

图 $4-2-2$

$$\int \frac{\mathrm{d}x}{(a^2 + x^2)^{\frac{3}{2}}} = \frac{x}{a^2 \cdot \sqrt{a^2 + x^2}} + C.$$

例 4.2.17　求 $\displaystyle\int \frac{\mathrm{d}x}{\sqrt{x^2 - a^2}}$ $(a > 0)$.

解：为去根号，令 $x = a\sec t$ $\left(0 < t < \dfrac{\pi}{2}\right)$，$\mathrm{d}x = a\sec t \cdot \tan t\,\mathrm{d}t$.

$$\int \frac{\mathrm{d}x}{\sqrt{x^2 - a^2}} = \int \frac{a\sec t\tan t}{a\tan t}\mathrm{d}t = \int \sec t\,\mathrm{d}t = \ln|\sec t + \tan t| + C_1.$$

利用图 $4-2-3$ 的直角三角形，得 $\tan t = \dfrac{\sqrt{x^2 - a^2}}{a}$.

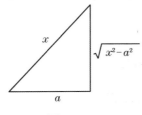

图 $4-2-3$

所以 $\displaystyle\int \frac{\mathrm{d}x}{\sqrt{x^2 - a^2}} = \ln\left|\frac{x}{a} + \frac{\sqrt{x^2 - a^2}}{a}\right| + C_1$

$$= \ln\left|x + \sqrt{x^2 - a^2}\right| + C\,(C = C_1 - \ln a).$$

从以上三个例题可以看出，如果积分中出现的根式内含有二次多项式，直接置换无法有理化,但用三角函数可以奏效,这种代换称为**三角代换**.

三角代换有三种形式:

(1) 含根式 $\sqrt{a^2-x^2}\,(a>0)$ 时,可作代换 $x=a\sin t$, $t\in(-\frac{\pi}{2},\frac{\pi}{2})$;

(2) 含根式 $\sqrt{a^2+x^2}\,(a>0)$ 时,可作代换 $x=a\tan t$, $t\in(-\frac{\pi}{2},\frac{\pi}{2})$;

(3) 含根式 $\sqrt{x^2-a^2}\,(a>0)$ 时,可作代换 $x=a\sec t$, $t\in(0,\frac{\pi}{2})$.

因此,第二类换元积分法主要解决**根式有理化**问题. 积分中出现根式,当用直接积分法和凑微分法无法解决时,就要考虑使用第二类换元积分法. 当根号内为一次式时,用根式置换;当根号内为二次式时,用三角代换.

要注意的是,根式有理化是化简不定积分计算的常用方法之一,去掉被积函数根号并不一定要采用三角代换,应根据被积函数的具体情况来确定采用何种根式有理化代换.

例 4.2.18   求 $\displaystyle\int\frac{1}{\sqrt{1+e^x}}dx$.

解:令 $t=\sqrt{1+e^x}$,则 $e^x=t^2-1$, $x=\ln(t^2-1)$, $dx=\dfrac{2t}{t^2-1}dt$.

$$\int\frac{1}{\sqrt{1+e^x}}dx=\int\frac{1}{t}\cdot\frac{2t}{t^2-1}dt=\int\frac{2}{t^2-1}dt=\int\left(\frac{1}{t-1}-\frac{1}{t+1}\right)dt$$

$$=\ln\left|\frac{t-1}{t+1}\right|+C=2\ln(\sqrt{1+e^x}-1)+C.$$

本节中一些例题的结果以后会经常用到,通常也被当做公式使用. 由此,常用的积分公式除了基本积分公式外,我们再补充以下公式(其中常数 $a>0$).

(14) $\displaystyle\int\tan x\,dx=-\ln|\cos x|+C$;

(15) $\displaystyle\int\cot x\,dx=\ln|\sin x|+C$;

(16) $\displaystyle\int\sec x\,dx=\ln|\sec x+\tan x|+C$;

(17) $\displaystyle\int\csc x\,dx=\ln|\csc x-\cot x|+C$;

(18) $\displaystyle\int\frac{1}{a^2+x^2}dx=\frac{1}{a}\arctan\frac{x}{a}+C$;

(19) $\displaystyle\int\frac{1}{\sqrt{a^2-x^2}}dx=\arcsin\frac{x}{a}+C$;

$(20) \int \dfrac{1}{x^2-a^2}dx = \dfrac{1}{2a}\ln\left|\dfrac{x-a}{x+a}\right|+C;$

$(21) \int \dfrac{1}{\sqrt{x^2\pm a^2}}dx = \ln\left|x+\sqrt{x^2\pm a^2}\right|+C;$

$(22) \int \sqrt{a^2-x^2}\,dx = \dfrac{a^2}{2}\arcsin\dfrac{x}{a}+\dfrac{x}{2}\cdot\sqrt{a^2-x^2}+C.$

习题 4.2

1. 填空题.

$(1)\,dx = $ _____ $= d(3x-1);$ $(2)\,x\,dx = $ _____ $d(x^2+2);$

$(3)\,e^{-\frac{x}{2}}dx = $ _____ $d(e^{-\frac{x}{2}});$ $(4)\,\dfrac{1}{\sqrt{x}}dx$ _____ $= d(\sqrt{x});$

$(5)\,\dfrac{1}{x}dx = $ _____ $d(-\ln x);$ $(6)\,\sec^2 2x\,dx = $ _____ $d(\tan 2x);$

$(7)\,\cos 2x\,dx = $ _____ $d(\sin 2x);$ $(8)\,\sin x\,dx = $ _____ $d(3+\cos x);$

$(9)\,\dfrac{1}{(x-1)^2}dx = $ _____ $d\left(\dfrac{1}{x-1}\right);$ $(10)\,\dfrac{1}{1-3x}dx = $ _____ $d\ln(1-3x).$

2. 求下列不定积分.

$(1) \int e^{-\frac{x}{2}}dx;$ $(2) \int \sqrt{1-2x}\,dx;$

$(3) \int \cos(3x+2)dx;$ $(4) \int x(1+x^2)^7 dx;$

$(5) \int x\sin(2x^2-1)dx;$ $(6) \int \dfrac{2x+3}{1+x^2}dx;$

$(7) \int \dfrac{1}{x(x+1)}dx;$ $(8) \int \dfrac{\sin\sqrt{x}}{\sqrt{x}}dx;$

$(9) \int \cos^3 x\sin x\,dx;$ $(10) \int \cos^2 2x\,dx;$

$(11) \int \sec^3 x\tan x\,dx;$ $(12) \int \dfrac{1}{1-e^x}dx;$

$(13) \int \dfrac{3+\ln x}{x}dx;$ $(14) \int \dfrac{x^3-x}{1+x^4}dx;$

$(15) \int \sin 5x\sin 7x\,dx;$ $(16) \int \dfrac{1}{(\arcsin x)^2\sqrt{1-x^2}}dx;$

$(17) \int \dfrac{\cos x\sin x}{\sqrt{1-\sin^4 x}}dx;$ $(18) \int \dfrac{1}{\sqrt{x(1-x)}}dx.$

3. 求下列不定积分.

(1) $\displaystyle\int \frac{\sqrt{x-1}}{x}\mathrm{d}x$;

(2) $\displaystyle\int \frac{1}{\sqrt{(1+x^2)^3}}\mathrm{d}x$;

(3) $\displaystyle\int \frac{\sqrt{x^2-9}}{x}\mathrm{d}x$;

(4) $\displaystyle\int \frac{\sqrt{x}}{1+\sqrt[3]{x}}\mathrm{d}x$;

(5) $\displaystyle\int \sqrt{1-x^2}\,\mathrm{d}x$.

§4.3　分部积分法

虽然换元积分法能解决许多积分的计算,但对于被积函数是两个非同名函数的乘积时,如 $\int x\sin x\,\mathrm{d}x$ 、$\int \mathrm{e}^x\cos x\,\mathrm{d}x$ 、$\int x\ln x\,\mathrm{d}x$ 等积分就难以求出,为了解决这个问题,我们利用两个函数乘积的求导(微分)法则,推出另一个重要的积分方法——**分部积分法**.

设 $u(x)$ 、$v(x)$ 均有连续的导数,于是有
$$\mathrm{d}(uv)=u\mathrm{d}v+v\mathrm{d}u,$$
两边对 x 积分,得
$$\int u\mathrm{d}v=uv-\int v\mathrm{d}u.$$
这个公式称为**分部积分公式**.

公式等号右边包括不含积分号的 uv 及含积分号的 $\int v\mathrm{d}u$. 如果 $\int v\mathrm{d}u$ 易求出,即可求出积分 $\int u\mathrm{d}v$. 因此,分部积分法的关键在于恰当地选取 u 和 v. 选取 u 和 v 的一般原则是:

(1) 由 $\mathrm{d}v$ 易求出 v ;

(2) 积分 $\int v\mathrm{d}u$ 比积分 $\int u\mathrm{d}v$ 简单易求.

对于被积函数是 $x^k\ln x$ 、$x^k\sin x$ 、$x^k\cos x$ 、$x^k\arcsin x$ 、$x^k\arctan x$ 、$x^k\mathrm{e}^x$ 等类型的积分,都适合用分部积分法.

例 4.3.1　求 $\int x\cos x\,\mathrm{d}x$.

解:令 $u=x$,$\mathrm{d}v=\cos x\,\mathrm{d}x=\mathrm{d}(\sin x)$,则 $\mathrm{d}u=\mathrm{d}x$,$v=\sin x$.
由分部积分公式得

$$\int x\cos x \, \mathrm{d}x = \int x \mathrm{d}(\sin x) = x\sin x - \int \sin x \, \mathrm{d}x$$
$$= x\sin x + \cos x + C.$$

例 4.3.2 求 $\int x\mathrm{e}^x \mathrm{d}x$.

解：令 $u = x$, $\mathrm{d}v = \mathrm{e}^x \mathrm{d}x = \mathrm{d}(\mathrm{e}^x)$，则 $\mathrm{d}u = \mathrm{d}x$, $v = \mathrm{e}^x$.

由分部积分公式得

$$\int x\mathrm{e}^x \mathrm{d}x = \int x \mathrm{d}(\mathrm{e}^x) = x\mathrm{e}^x - \int \mathrm{e}^x \mathrm{d}x = x\mathrm{e}^x - \mathrm{e}^x + C.$$

有些函数的积分需要连续多次应用分部积分法.

例 4.3.3 求 $\int x^2 \sin x \, \mathrm{d}x$.

解：$\int x^2 \sin x \, \mathrm{d}x = \int x^2 \mathrm{d}(-\cos x) = x^2(-\cos x) - \int -\cos x \, \mathrm{d}(x^2)$

$$= x^2(-\cos x) + 2\int x\cos x \, \mathrm{d}x$$

$$= -x^2\cos x + 2\int x \mathrm{d}(\sin x)$$

$$= -x^2\cos x + 2\left(x\sin x - \int \sin x \, \mathrm{d}x\right)$$

$$= -x^2\cos x + 2x\sin x + 2\cos x + C.$$

若被积函数是幂函数（指数为正整数）与指数函数或正（余）弦函数的乘积，可设幂函数为 u，而将其余部分凑微分进入微分号，使得应用分部积分公式后，幂函数的幂次降低一次.

例 4.3.4 求 $\int x\ln x \, \mathrm{d}x$.

解：$\int x\ln x \, \mathrm{d}x = \int \ln x \, \mathrm{d}\left(\dfrac{x^2}{2}\right) = \dfrac{x^2}{2}\ln x - \int \dfrac{x^2}{2} \mathrm{d}(\ln x)$

$$= \frac{1}{2}x^2\ln x - \int \frac{x^2}{2} \cdot \frac{1}{x} \mathrm{d}x = \frac{1}{2}x^2\ln x - \frac{1}{2}\int x \, \mathrm{d}x$$

$$= \frac{1}{2}x^2\ln x - \frac{1}{4}x^2 + C.$$

例 4.3.5 求 $\int \arctan x \, \mathrm{d}x$.

解：$\int \arctan x \, \mathrm{d}x = x\arctan x - \int \dfrac{x}{1+x^2} \mathrm{d}x = x\arctan x - \dfrac{1}{2}\int \dfrac{\mathrm{d}(1+x^2)}{1+x^2}$

$$= x\arctan x - \frac{1}{2}\ln(1+x^2) + C.$$

若被积函数是幂函数(指数为正整数)与对数函数或反三角函数的乘积,可设对数函数或反三角函数为 u,而将幂函数凑微分进入微分号,使得应用分部积分公式后,对数函数或反三角函数消失.

例 4.3.6　求 $\int e^x \cos x \, dx$.

解:
$$\int e^x \cos x \, dx = \int e^x \, d(\sin x) = e^x \sin x - \int \sin x \, de^x$$
$$= e^x \sin x - \int e^x \sin x \, dx$$
$$= e^x \sin x + \int e^x \, d\cos x$$
$$= e^x \sin x + e^x \cos x - \int \cos x \, de^x$$
$$= e^x (\sin x + \cos x) - \int e^x \cos x \, dx,$$

移项,得 $\quad 2\int e^x \cos x \, dx = e^x (\sin x + \cos x) + C_1$

于是 $\quad \int e^x \cos x \, dx = \dfrac{1}{2} e^x (\sin x + \cos x) + C \quad (C = \dfrac{1}{2} C_1).$

若被积函数是指数函数与正(余)弦函数的乘积,u,dv 可随意选取,但在两次分部积分中必须选用同类型的 u,以便经过两次分部积分后产生循环式,从而解出所求积分.

灵活应用分部积分法,可以解决许多不定积分的计算问题,有些不定积分可以用换元法,也可以用分部积分法,有时还需要兼用这两种方法.

例 4.3.7　求 $\int \sin\sqrt{x} \, dx$.

解: 设 $\sqrt{x} = t$,则 $x = t^2$,$dx = 2t \, dt$.
$$\int \sin\sqrt{x} \, dx = \int \sin t \cdot 2t \, dt = 2\int t \, d(-\cos t) = -2\left(t\cos t - \int \cos t \, dt \right)$$
$$= -2t\cos t + 2\sin t + c = -2\sqrt{x}\cos\sqrt{x} + 2\sin\sqrt{x} + C.$$

利用分部积分法的关键是在公式化的过程中选择哪个函数与 dx 凑微分,一般可用口诀"**三指动,反对不动**":"三"是三角函数,"指"是指数函数,"动"是三角函数或指数函数与 dx 凑微分;"反"是反三角函数,"对"是对数函数,"不动"是反三角函数或对数函数不动,而让另外的函数与 dx 凑微分.

还需要指出:有些不定积分,如 $\int e^{-x^2} \, dx$,$\int \dfrac{\sin x}{x} \, dx$,$\int \dfrac{1}{\ln x} \, dx$,$\int \dfrac{1}{1+x^4} \, dx$ 等,它们的被积函数虽然是初函数,但被积函数的原函数却不是初等函数,这时称"积不出".

对这些积分实用上常采用数值积分方法．

 习题 4.3

1. 求下列不定积分．

(1) $\int x\mathrm{e}^{-x}\,\mathrm{d}x$;

(2) $\int x\sin x\,\mathrm{d}x$;

(3) $\int (x-1)\ln x\,\mathrm{d}x$;

(4) $\int x\arctan x\,\mathrm{d}x$;

(5) $\int x\sec^2 x\,\mathrm{d}x$;

(6) $\int x\cos 2x\,\mathrm{d}x$;

(7) $\int (x^2+1)\mathrm{e}^x\,\mathrm{d}x$;

(8) $\int \mathrm{e}^{\sqrt{x}}\,\mathrm{d}x$;

(9) $\int \mathrm{e}^x\sin^2 x\,\mathrm{d}x$.

2. 已知 $f(x)$ 的一个原函数是 e^{-x^2}，求 $\int xf'(x)\,\mathrm{d}x$.

第五章 定积分及其应用

定积分是高等数学中的又一个重要的基本概念,无论在理论上还是在实际应用中,都有着十分重要的意义. 本章将从实际问题中引出定积分的概念,然后讨论定积分的基本性质,揭示定积分与不定积分之间的关系,并给出定积分的计算方法,以及定积分在几何学与经济学中的应用.

§5.1 定积分的概念

5.1.1 实例:曲边梯形的面积

1. 曲边梯形

所谓曲边梯形是指如图 5-1-1 所示的图形. 它的三条边是直线段,其中有两条垂直于第三条边——底边,而第四条边是曲线——曲边.

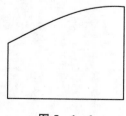

图 5-1-1

2. 曲边梯形面积的求法

设直角坐标系中的曲边梯形由曲线 $y=f(x)$(暂设 $f(x)>0$),直线 $x=a$,$x=b$ 及 x 轴围成的封闭图形 $AabB$,如图 5-1-2 所示.

下面我们讨论如何计算曲边梯形的面积.

分析:如果函数 $y=f(x)$ 是常函数 $y=h$,则由矩形面积公式得到所求面积为 $S=h(b-a)$.

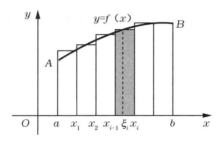

图 5 - 1 - 2

当 $y=f(x)$ 不是常函数时,高度 y 随位置 x 变化,不能直接用矩形面积公式. 在区间 $[a,b]$ 内插入一些分点,过每个分点作 x 轴的垂线,这些垂线把曲边梯形分割成若干个小曲边梯形,如图 5 - 1 - 2 所示. 如果每个小曲边梯形的宽度足够窄,且函数 $y=f(x)$ 连续,则同一个小曲边梯形上各点处的高度相差不会太大,所以每个小曲边梯形可以近似看作是一个小矩形. 把这些小矩形的面积相加就得到了曲边梯形面积的近似值,且每个小曲边梯形的宽度愈窄,近似程度愈高. 因此,我们可以采用下面的步骤计算曲边梯形的面积.

步骤一:分割——分曲边梯形为 n 个小曲边梯形.

用分点 $a=x_0<x_1<x_2<\cdots<x_{n-1}<x_n=b$ 把区间 $[a,b]$ 任意分割成 n 个小区间, $[x_0,x_1]$, $[x_1,x_2]$, $[x_2,x_3]$, $\cdots$, $[x_{n-1},x_n]$, 每一个小区间的长度为 $\Delta x_i=x_i-x_{i-1}(i=1,2,\cdots n)$.

过每一个分点 $x_i(i=1,2,\cdots,n)$ 作垂直于 x 轴的直线,把曲边梯形 $AabB$ 分割成 n 个小曲边梯形. 第 i 个小曲边梯形的面积记为 ΔS_i.

步骤二:近似代替——用小矩形的面积近似代替小曲边梯形的面积.

在每个小区间 $[x_{i-1},x_i](i=1,2,3,4)$ 上任取一点 $\xi_i(x_{i-1}\leqslant\xi_i\leqslant x_i)$, 得到以 Δx_i 为底, $f(\xi_i)$ 为高的小矩形,用小矩形的面积 $f(\xi_i)\Delta x_i$ 近似代替小曲边梯形的面积 ΔS_i, 即

$$S_i=f(\xi_i)\Delta x_i \quad (i=1,2,\cdots n).$$

步骤三:求和——求 n 个小矩形的面积.

把 n 个小矩形的面积求和,得到曲边梯形的面积 S 的近似值,即

$$S=\sum_{i=1}^n \Delta S_i=f(\xi_1)\Delta x_1+f(x_2)\Delta x_2+\cdots+f(\xi_n)\Delta x_n$$
$$=\sum_{i=1}^n f(\xi_i)\Delta x_i.$$

步骤四:取极限 —— 由近似值过渡到精确值.

当分点数 n 无限增大,且所有小区间的长度都趋于零时, $\sum_{i=1}^{n} f(\xi_i)\Delta x_i$ 的极限值就转化为曲边梯形的面积 S. 令 $\lambda = \max_{1 \leqslant i \leqslant n}\{\Delta x_i\}$,则当 $\lambda \rightarrow 0$ 时,就保证了所有小区间的长度都趋于零,于是有 $S = \lim_{\lambda \rightarrow 0} \sum_{i=1}^{n} f(\xi_i)\Delta x_i$.

5.1.2　定积分的概念

从上述求曲边梯形面积问题的求解过程中我们看到,通过"分割、近似代替、求和、取极限",都能转化为形如 $\sum_{i=1}^{n} f(\xi_i)\Delta x_i$ 的和式的极限问题. 由此可抽象出定积分的概念.

定义 5.1.1　设函数 $y = f(x)$ 在区间 $[a,b]$ 上有界,任取分点 $a = x_0 < x_1 < x_2 < \cdots < x_{n-1} < x_n = b$ 把区间 $[a,b]$ 任意分割成 n 个小区间 $[x_{i-1},x_i]$,其长度记为 $\Delta x_i = x_i - x_{i-1}$,令 $\lambda = \max_{1 \leqslant i \leqslant n}\{\Delta x_i\}$ $(i = 1,2,\cdots,n)$,在每个小区间 $[x_{i-1},x_i]$ 上任取一点 ξ_i ,作乘积 $f(\xi_i)\Delta x_i$ 的和式 $\sum_{i=1}^{n} f(\xi_i)\Delta x_i$,如果当 $\lambda \rightarrow 0$ 时,极限

$$\lim_{\lambda \rightarrow 0} \sum_{i=1}^{n} f(\xi_i)\Delta x_i$$

存在(极限值与 $[a,b]$ 的分割及点 ξ_i 的取法无关),则称函数 $f(x)$ 在区间 $[a,b]$ 上**可积**,称此极限值为函数 $f(x)$ 在 $[a,b]$ 上的**定积分**(简称积分),记为 $\int_a^b f(x)\mathrm{d}x$,即

$$\int_a^b f(x)\mathrm{d}x = \lim_{\lambda \rightarrow 0} \sum_{i=1}^{n} f(\xi_i)\Delta x_i,$$

并称 $f(x)$ 为**被积函数**,称 $f(x)\mathrm{d}x$ 为**被积表达式**,称 x 为积分变量,称 $[a,b]$ 为**积分区间**,称 a,b 为**积分下、上限**, $\int$ 为积分号.

有此定义后,前述实际问题可用定积分表示为:

曲边梯形的面积 $S = \int_a^b f(x)\mathrm{d}x$.

对定积分的定义作以下几点说明:

(1)定积分 $\int_a^b f(x)\mathrm{d}x$ 是乘积和式的极限,它是一个确定的常数. 它只与被积函数 $f(x)$ 和积分区间 $[a,b]$ 有关,而与积分变量的记号无关,如 $\int_0^2 x^2\mathrm{d}x = \int_0^2 t^2\mathrm{d}t$. 一般有

$$\int_a^b f(x)\mathrm{d}x = \int_a^b f(t)\mathrm{d}t.$$

(2)定积分的定义中要求积分限 $a < b$,我们补充如下规定:

当 $a = b$ 时, $\int_a^a f(x)\mathrm{d}x = 0$;

当 $a > b$ 时, $\int_a^b f(x)\mathrm{d}x = -\int_b^a f(x)\mathrm{d}x$.

（3）定积分的存在性：

当 $f(x)$ 在闭区间 $[a,b]$ 上连续或只有有限个第一类间断点时, $f(x)$ 在 $[a,b]$ 上一定可积.

为了理解定积分定义,我们举一个例子.

例 5.1.1 用定积分的定义求 $\int_0^1 x^2 \mathrm{d}x$.

解:因 $f(x) = x^2$ 在 $[0,1]$ 上连续,故被积函数是可积的,从而定积分的值与对区间 $[0,1]$ 的分法及 ξ_i 的取法无关. 不妨将区间 $[0,1]$ n 等分,分点为

$$x_i = \frac{i}{n} (i = 1, 2, \cdots, n-1);$$

这样,每个小区间 $[x_{i-1}, x_i]$ 的长度为

$$\lambda = \Delta x_i = \frac{1}{n} (i = 1, 2, \cdots, n);$$

ξ_i 取每个小区间的右端点

$$\xi_i = x_i (i = 1, 2, \cdots, n-1);$$

则得到积分和式

$$\sum_{i=1}^n f(\xi_i)\Delta x_i = \sum_{i=1}^n \xi_i^2 \Delta x_i = \sum_{i=1}^n x_i^2 \Delta x_i = \sum_{i=1}^n \left(\frac{i}{n}\right)^2 \cdot \frac{1}{n}$$

$$= \frac{1}{n^3} \sum_{i=1}^n i^2 = \frac{1}{n^3} (1^2 + 2^2 + \cdots + n^2)$$

$$= \frac{1}{n^3} \cdot \frac{n(n+1)(2n+1)}{6} = \frac{(n+1)(2n+1)}{6n^2}.$$

当 $\lambda = \Delta x_i = \frac{1}{n} \rightarrow 0$ 时, $n \rightarrow \infty$,取上式右端的极限,根据定积分的定义,即得到所求的定积分为

$$\int_0^1 x^2 \mathrm{d}x = \lim_{\lambda \to 0} \sum_{i=1}^n f(\xi_i)\Delta x_i$$

$$= \lim_{n \to \infty} \frac{(n+1)(2n+1)}{6n^2}$$

$$= \lim_{n \to \infty} \frac{1}{6} \left(1 + \frac{1}{n}\right) \left(2 + \frac{1}{n}\right) = \frac{1}{3}.$$

5.1.3　定积分的几何意义

由前述曲边梯形的面积问题,可得到定积分的几何意义:

(1) 在区间$[a,b]$上总有$f(x)>0$时,$f(x)$在区间$[a,b]$上的定积分表示以区间$[a,b]$为底边,以曲线$y=f(x)$为曲边的曲边梯形的面积,即$\int_a^b f(x)\mathrm{d}x=S$,如图5-1-3所示.

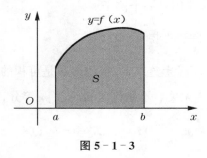

图 5-1-3

当$f(x)=1$时,$\int_a^b \mathrm{d}x=b-a$.

(2) 在区间$[a,b]$上总有$f(x)<0$时,$f(x)$在区间$[a,b]$上的定积分表示以区间$[a,b]$为底边,以曲线$y=f(x)$为曲边的曲边梯形的面积的相反数,即$\int_a^b f(x)\mathrm{d}x=-S$,如图5-1-4所示.

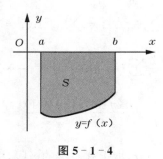

图 5-1-4

(3) 在区间$[a,b]$上$f(x)$有正有负时,在x轴上方部分的面积取正值,在x轴下方部分的面积取负值,则$\int_a^b f(x)\mathrm{d}x$的几何意义为由曲线$y=f(x)$,直线$x=a,x=b$及x轴围成的图形各部分面积的代数和,如图5-1-5所示,即

$$\int_a^b f(x)\mathrm{d}x=S_1-S_2+S_3.$$

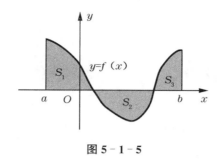

图 5 - 1 - 5

5.1.4　定积分的性质

为了理论与计算的需要,介绍定积分的性质. 在下面的讨论中,我们总是假设函数在所讨论的区间上可积.

性质 1　常数因子可以提到积分号前面,即

$$\int_a^b kf(x)\mathrm{d}x = k\int_a^b f(x)\mathrm{d}x \quad (k \text{ 为常数}).$$

性质 2　两个函数代数和的积分,等于这两个函数积分的代数和,即

$$\int_a^b [f(x) \pm g(x)]\mathrm{d}x = \int_a^b f(x)\mathrm{d}x \pm \int_a^b g(x)\mathrm{d}x.$$

性质 3(定积分的可加性)　对于任意三个数 a,b,c 总有

$$\int_a^b f(x)\mathrm{d}x = \int_a^c f(x)\mathrm{d}x + \int_c^b f(x)\mathrm{d}x.$$

性质 4　在积分区间$[a,b]$上如果 $f(x) \geqslant g(x)$,则

$$\int_a^b f(x)\mathrm{d}x \geqslant \int_a^b g(x)\mathrm{d}x.$$

上述性质均可由定积分的定义证明(从略),性质 3 与性质 4 可结合定积分的几何意义来理解.

例 5.1.2　比较下列定积分值的大小.

(1) $\int_1^2 x^2\mathrm{d}x$ 与 $\int_1^2 x^3\mathrm{d}x$;

(2) $\int_1^2 \ln x\mathrm{d}x$ 与 $\int_1^2 (\ln x)^2\mathrm{d}x$.

解:(1) 当 $x \in [1,2]$ 时,$x^2 \leqslant x^3$,根据定积分性质 4 得

$$\int_1^2 x^2\mathrm{d}x \leqslant \int_1^2 x^3\mathrm{d}x.$$

(2) 当 $x \in [1,2]$ 时,有 $0 \leqslant \ln x < 1$,故当 $x \in [1,2]$ 时,有 $\ln x \geqslant \ln^2 x$,

由性质 4 得

$$\int_1^2 \ln x \, dx \geqslant \int_1^2 \ln^2 x \, dx.$$

性质 5(定积分的估值定理)　设 M 与 m 分别是 $f(x)$ 在 $[a,b]$ 上的最大值与最小值,则

$$m(b-a) \leqslant \int_a^b f(x) \, dx \leqslant M(b-a).$$

本性质可利用性质 4 证出(请读者自己完成).

例 5.1.3　估计定积分 $\int_{-1}^2 e^{-x^2} \, dx$ 值的范围.

解: 先求出函数 $f(x) = e^{-x^2}$ 在 $[-1,2]$ 上的最大值与最小值,为此计算导数

$$f'(x) = -2x e^{-x^2}.$$

令 $f'(x) = 0$,得驻点 $x = 0$,算出

$$f(0) = 1, \quad f(1) = e^{-1}, \quad f(2) = e^{-4},$$

得最大值 $f(0) = 1$,最小值 $f(2) = e^{-4}$,利用估值定理,得

$$f(2)[2-(-1)] \leqslant \int_{-1}^2 e^{-x^2} \, dx \leqslant f(0)[2-(-1)],$$

即

$$3e^{-4} \leqslant \int_{-1}^2 e^{-x^2} \, dx \leqslant 3.$$

性质 6(定积分的中值定理)　如果 $f(x)$ 在 $[a,b]$ 上连续,则在 $[a,b]$ 上至少存在一点 ξ,使得

$$\int_a^b f(x) \, dx = f(\xi)(b-a).$$

证明: 由性质 5 得

$$m \leqslant \frac{1}{b-a} \int_a^b f(x) \, dx \leqslant M.$$

即数 $\dfrac{1}{b-a} \int_a^b f(x) \, dx$ 介于 $f(x)$ 在 $[a,b]$ 上的最大值 M 与最小值 m 之间,又因为 $f(x)$ 在 $[a,b]$ 上连续,根据连续函数的介值定理可得,在 $[a,b]$ 上至少存在一点 ξ,使得

$$f(\xi) = \frac{1}{b-a} \int_a^b f(x) \, dx,$$

即

$$\int_a^b f(x) \, dx = f(\xi)(b-a).$$

该定理有明显的几何意义:曲线 $y=f(x)$,直线 $x=a$,$x=b$ 及 x 轴围成的曲边梯形的面积等于以区间$[a,b]$为底,以这个区间内某一点 ξ 处曲线的纵坐标 $f(\xi)$ 为高的矩形的面积,如图 $5-1-6$ 所示.

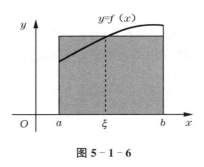

图 5 - 1 - 6

$\dfrac{1}{b-a}\displaystyle\int_a^b f(x)\mathrm{d}x$ 成为函数 $f(x)$ 在区间$[a,b]$上的平均值,可视为有限个算数平均值的 $\dfrac{1}{n}\big[f(x_1)+f(x_2)+\cdots+f(x_n)\big]$ 推广.

 习题 5.1

1. 设某物体作直线运动,已知速度 $v=v(t)$ 是时间间隔$[T_1,T_2]$上的连续函数,试用定积分求这段时间间隔内的路程.

2. 根据定积分的几何意义求下列定积分的值.

(1)$\displaystyle\int_{-2}^{2} x\,\mathrm{d}x$; (2)$\displaystyle\int_{-4}^{4}\sqrt{16-x^2}\,\mathrm{d}x$;

(3)$\displaystyle\int_{0}^{2\pi}\cos x\,\mathrm{d}x$.

3. 利用定积分的性质比较下列各组定积分的大小.

(1)$\displaystyle\int_{0}^{1} x^2\,\mathrm{d}x$ 与 $\displaystyle\int_{0}^{1} x^3\,\mathrm{d}x$; (2)$\displaystyle\int_{3}^{4}\ln x\,\mathrm{d}x$ 与 $\displaystyle\int_{3}^{4}\ln^2 x\,\mathrm{d}x$;

(3)$\displaystyle\int_{0}^{-2}\mathrm{e}^x\,\mathrm{d}x$ 与 $\displaystyle\int_{0}^{-2} x\,\mathrm{d}x$.

4. 不计算,估计下列各积分的值.

(1)$\displaystyle\int_{1}^{4}(x^2+1)\,\mathrm{d}x$; (2)$\displaystyle\int_{-2}^{0} x\,\mathrm{e}^x\,\mathrm{d}x$.

§5.2　微积分基本公式

从定义看,定积分与不定积分是完全不同的两个概念,其实二者之间存在着密切联系. 本节将讨论定积分与不定积分之间的关系,从而得出利用原函数计算定积分的公式.

5.2.1　变上限的定积分

定义 5.2.1　设函数 $y = f(x)$ 在区间 $[a, x]$ 上连续, x 是 $[a, b]$ 上的一点,则

$$\Phi(x) = \int_a^x f(t) \mathrm{d}t$$

所定义的函数称为**变上限的函数**或**变上限的定积分**.

定义中积分变量和积分上限有时用 x 来表示,但它们的含义并不相同,为了区别它们,常将积分变量改用 t 来表示,即

$$\Phi(x) = \int_a^x f(x) \mathrm{d}x = \int_a^x f(t) \mathrm{d}t.$$

关于函数 $\Phi(x)$ 的可导性,有

定理 5.2.1　若函数 $f(x)$ 在区间 $[a, b]$ 上连续, 则变上限定积分 $\Phi(x) = \int_a^x f(t) \mathrm{d}t$ 在 $[a, b]$ 上可导,且 $\Phi'(x) = \dfrac{\mathrm{d}}{\mathrm{d}x} \int_a^x f(t) \mathrm{d}t = f(x) \, (a \leqslant x \leqslant b)$.

定理 5.1 也告诉我们这样一个结论:连续函数的原函数是存在的,因而也可以把定理 5.1 称为原函数存在定理.

例 5.2.1　设 $\Phi(x) = \displaystyle\int_0^x \dfrac{\sin 2t}{t} \mathrm{d}t$,求 $\Phi'(x)$.

解: $\Phi'(x) = \left(\displaystyle\int_0^x \dfrac{\sin 2t}{t} \mathrm{d}t \right)' = \dfrac{\sin 2x}{x}$.

例 5.2.2　求 $\dfrac{\mathrm{d}}{\mathrm{d}x} \left[\displaystyle\int_1^{x^3} \mathrm{e}^{t^2} \mathrm{d}t \right]$.

解:这里 $\displaystyle\int_1^{x^3} \mathrm{e}^{t^2} \mathrm{d}t$ 是 x^3 的函数,因而是 x 的复合函数,令 $u = x^3$,则 $\Phi(u) = \displaystyle\int_1^u \mathrm{e}^{t^2} \mathrm{d}t$,根据复合函数求导法则,有

$$\frac{\mathrm{d}}{\mathrm{d}x} \left[\int_1^{x^3} \mathrm{e}^{t^2} \mathrm{d}t \right] = \frac{\mathrm{d}}{\mathrm{d}u} \left[\int_1^u \mathrm{e}^{t^2} \mathrm{d}t \right] \cdot \frac{\mathrm{d}u}{\mathrm{d}x} = \Phi'(u) \cdot 3x^2 = \mathrm{e}^{u^2} \cdot 3x^2 = 3x^2 \mathrm{e}^{x^6}.$$

例 5.2.3　求 $\lim\limits_{x \to 0} \dfrac{\displaystyle\int_0^x \sin t^2 \mathrm{d}t}{x^3}$.

解:极限式是 $\dfrac{0}{0}$ 型未定式,可应用洛必达法则,有

$$\lim_{x \to 0} \frac{\int_0^x \sin t^2 \mathrm{d}t}{x^3} = \lim_{x \to 0} \frac{\left(\int_0^x \sin t^2\right)'}{(x^3)'} = \lim_{x \to 0} \frac{\sin x^2}{3x^2} = \frac{1}{3}.$$

5.2.2　牛顿 — 莱布尼茨公式

定理 5.2.2　设函数 $f(x)$ 在区间 $[a,b]$ 上连续,$F(x)$ 是 $f(x)$ 的任意一个原函数,即 $F'(x) = f(x)$,则

$$\int_a^b f(x)\mathrm{d}x = F(x)\big|_a^b = F(b) - F(a).$$

这个公式称为**牛顿 — 莱布尼茨公式**,它建立了定积分与不定积分之间的联系,为定积分提供了一个有效而简便的计算方法.

例 5.2.4　求 $\int_0^\pi \sin x \mathrm{d}x$.

解:因为 $\int \sin x \mathrm{d}x = -\cos x + C$,所以

$$\int_0^\pi \sin x \mathrm{d}x = -\cos x\big|_0^\pi = -(\cos \pi - \cos 0) = 2.$$

例 5.2.5　求 $\int_0^1 (x^3 - x + 1)\mathrm{d}x$.

解:
$$\begin{aligned}
\int_0^1 (x^3 - x + 1)\mathrm{d}x &= \int_0^1 x^3 \mathrm{d}x - \int_0^1 x \mathrm{d}x + \int_0^1 1 \mathrm{d}x \\
&= \frac{1}{4}x^4\Big|_0^1 - \frac{1}{2}x^2\Big|_0^1 + x\Big|_0^1 \\
&= \frac{1}{4}(1^4 - 0) - \frac{1}{2}(1^2 - 0) + (1 - 0) \\
&= \frac{3}{4}.
\end{aligned}$$

例 5.2.6　求 $\int_0^3 |x - 1|\mathrm{d}x$.

解:
$$\begin{aligned}
\int_0^3 |x - 1|\mathrm{d}x &= \int_0^1 [-(x-1)]\mathrm{d}x + \int_1^3 (x-1)\mathrm{d}x \\
&= \left(x - \frac{1}{2}x^2\right)\Big|_0^1 + \left(\frac{1}{2}x^2 - x\right)\Big|_1^3 \\
&= \left[\left(1 - \frac{1}{2} \cdot 1^2\right) - 0\right] + \left[\left(\frac{1}{2} \cdot 3^2 - 3\right) + \left(\frac{1}{2} \cdot 1^2 - 1\right)\right] \\
&= \frac{5}{2}.
\end{aligned}$$

例 5. 2. 7   求 $\int_0^2 f(x)\mathrm{d}x$,其中 $f(x)=\begin{cases} x+1 & (x \leqslant 1) \\ \dfrac{1}{2}x^2 & (x > 1) \end{cases}$.

解:$\int_0^2 f(x)\mathrm{d}x = \int_0^1 (x+1)\mathrm{d}x + \int_1^2 \dfrac{1}{2}x^2\mathrm{d}x$

$$= \left(\frac{1}{2}x^2 + x\right)\Big|_0^1 + \frac{1}{6}x^3\Big|_1^2$$

$$= \left(\frac{1}{2} \cdot 1^2 + 1\right) + \frac{1}{6}(2^3 - 1^3)$$

$$= \frac{8}{3}.$$

 **习题 5.3**

1. 计算下列各导数.

(1) $\dfrac{\mathrm{d}}{\mathrm{d}x}\int_0^{x^2} \sqrt{1+t^3}\,\mathrm{d}t$;

(2) $\dfrac{\mathrm{d}}{\mathrm{d}x}\int_x^{x^2} \mathrm{e}^{-t^2}\,\mathrm{d}t$;

(3) $\dfrac{\mathrm{d}}{\mathrm{d}x}\int_{\sin x}^{\cos x} \cos(\pi t^2)\,\mathrm{d}t$.

2. 求下列极限.

(1) $\displaystyle\lim_{x \to 0} \dfrac{\int_0^x \sin t^3\,\mathrm{d}t}{x^4}$;

(2) $\displaystyle\lim_{x \to 0} \dfrac{\int_0^{x^2} \sqrt{1+t^2}\,\mathrm{d}t}{x^2}$.

3. 求下列定积分.

(1) $\int_0^1 x^9\,\mathrm{d}x$;

(2) $\int_1^4 \sqrt{x}\,(1+\sqrt{x})\,\mathrm{d}x$;

(3) $\int_0^{\frac{\pi}{4}} \sec^2 x\,\mathrm{d}x$;

(4) $\int_1^9 \dfrac{1-\sqrt{t}}{\sqrt{t}}\,\mathrm{d}t$;

(5) $\int_{-1}^2 |x|\,\mathrm{d}x$;

(6) $\int_0^{2\pi} |\sin x|\,\mathrm{d}x$;

(7) $\int_0^2 f(x)\mathrm{d}x$,其中 $f(x)=\begin{cases} 2x & (0 \leqslant x \leqslant 1) \\ 5 & (1 < x < 4) \end{cases}$.

§5.3   定积分的换元法与分部积分法

牛顿—莱布尼茨公式给出了求定积分的基本方法,具体步骤是:先找被积分函数的一个原函数(类似于求不定积分),再计算原函数在上下限处的差值.如果求原函数时需要用换元积分法或分部积分法,这时相应的定积分计算方法可以简化,即定积分的换元法与分部积分法.

5.3.1　定积分的换元法

例 5.3.1　计算 $\displaystyle\int_1^4 \dfrac{1}{1+\sqrt{x}}\mathrm{d}x$.

解法一: 先用不定积分换元法,求出被积函数的原函数.

设 $\sqrt{x}=t$,即 $x=t^2$,则 $\mathrm{d}x=\mathrm{d}t^2=2t\,\mathrm{d}t$,

$$\int \frac{1}{1+\sqrt{x}}\mathrm{d}x = \int \frac{1}{1+t}2t\,\mathrm{d}t = 2\int \frac{t}{1+t}\mathrm{d}t$$

$$= 2\int \frac{(1+t)-1}{1+t}\mathrm{d}t = 2\int\left(1-\frac{1}{1+t}\right)\mathrm{d}t$$

$$= 2\int 1\,\mathrm{d}t - 2\int\frac{1}{1+t}\mathrm{d}t = 2t - 2\ln|1+t| + C$$

$$= 2\sqrt{x} - 2\ln(1+\sqrt{x}) + C.$$

再用牛顿 — 莱布尼茨公式,求出定积分的值.

$$\int_1^4 \frac{1}{1+\sqrt{x}}\mathrm{d}x = 2\sqrt{x} - 2\ln(1+\sqrt{x})\ \Big|_1^4 = 2 - 2\ln\frac{3}{2}.$$

解法二: 在使用不定积分换元法的同时,将积分上、下限更换为与新积分变量 t 相匹配的数值.

设 $\sqrt{x}=t$,即 $x=t^2$,则 $\mathrm{d}x=\mathrm{d}t^2=2t\,\mathrm{d}t$,

当上限 $x=4$ 时,$t=\sqrt{4}=2$;当下限 $x=1$ 时,$t=\sqrt{1}=1$.

$$\int_1^4 \frac{1}{1+\sqrt{x}}\mathrm{d}x = \int_1^2 \frac{1}{1+t}2t\,\mathrm{d}t = 2\int_1^2 \frac{t}{1+t}\mathrm{d}t$$

$$= 2\int_1^2 \frac{(1+t)-1}{1+t}\mathrm{d}t = 2\int_1^2\left(1-\frac{1}{1+t}\right)\mathrm{d}t$$

$$= 2\int_1^2 1\,\mathrm{d}t - 2\int_1^2\frac{1}{1+t}\mathrm{d}t = (2t - 2\ln|1+t|)\ \Big|_1^2$$

$$= 2 - 2\ln\frac{3}{2}.$$

比较这两种解法,解法二比解法一更简单,因为它省去了还原步骤.解法二的特点是把积分变量 x 换成 t 的同时,把 x 的上限 4 和下限 1 换成了 t 的上限 2 和下限 1,也就是当原积分变量 x 的积分区间为 $[1,4]$ 时,引入代换 $\sqrt{x}=t$,新积分变量 t 的积分

区间为[1,2]. 解法二用的就是定积分的换元法,这种方法总结为如下定理:

定理 5.3.1 设 $f(x)$ 在 $[a,b]$ 上连续,作变换 $x=\varphi(t)$,它满足以下三个条件:

(1) 当 $x=a$ 时, $t=\alpha$,当 $x=b$ 时, $t=\beta$;

(2) $x=\varphi(t)$ 在 $[\alpha,\beta]$ (或 $[\beta,\alpha]$) 上单调;

(3) $\varphi'(t)$ 在 $[\alpha,\beta]$ (或 $[\beta,\alpha]$) 上连续.

则

$$\int_a^b f(x)\mathrm{d}x = \int_\alpha^\beta f[\varphi(t)]\varphi'(t)\mathrm{d}t.$$

证明略.

定积分的换元公式与不定积分的换元公式类似,但应用定积分的换元公式时应注意以下两点:

(1) 用 $x=\varphi(t)$ 把原来变量 x 代换成新变量 t 时,积分限也要换成相应于新变量 t 的积分限.

(2) 求出 $f[\varphi(t)]\varphi'(t)$ 的一个原函数 $\varphi(t)$ 后,不必还原成原变量 x 的函数,只需把新变量 t 上限和下限代入 $\varphi(t)$ 计算即可.

例 5.3.2 计算 $\int_0^{\frac{\pi}{2}} \cos^4 x \sin x \mathrm{d}x$.

解法一:设 $t=\cos x$,则 $\mathrm{d}t = -\sin x \mathrm{d}x$,当 $x=0$ 时, $t=1$;当 $x=\frac{\pi}{2}$ 时, $t=0$.

所以,原积分

$$\int_0^{\frac{\pi}{2}} \cos^4 x \sin x \mathrm{d}x = -\int_1^0 t^4 \mathrm{d}t = -\int_1^0 t^4 \mathrm{d}t = \int_0^1 t^4 \mathrm{d}t = \frac{1}{5} t^5 \Big|_0^1$$

$$= \frac{1}{5} \cdot 1^5 - \frac{1}{5} \cdot 0^5 = \frac{1}{5}.$$

这一解法明确地设出新的积分变量 t,这时,应更换积分的上、下限,且不必代回原积分变量.

解法二: $\int_0^{\frac{\pi}{2}} \cos^4 x \sin x \mathrm{d}x = -\int_0^{\frac{\pi}{2}} \cos^4 x \mathrm{d}\cos x x = -\frac{1}{5} \cos^5 x \Big|_0^{\frac{\pi}{2}}$

$$= -\frac{1}{5}\left(\cos^5 \frac{\pi}{2} - \cos^5 0\right) = \frac{1}{5}.$$

这一解法没有引入新的积分变量,计算时,原积分上、下限不改变.

对于能用"凑微分法"求函数的积分,应尽可能用解法二.

例 5.3.3 计算 $\int_0^{\frac{1}{\sqrt{2}}} \frac{x+1}{\sqrt{1-x^2}} \mathrm{d}x$.

解: $\int_0^{\frac{1}{\sqrt{2}}} \frac{x+1}{\sqrt{1-x^2}} \mathrm{d}x = \int_0^{\frac{1}{\sqrt{2}}} \frac{x}{\sqrt{1-x^2}} \mathrm{d}x + \int_0^{\frac{1}{\sqrt{2}}} \frac{1}{\sqrt{1-x^2}} \mathrm{d}x$

$$= -\frac{1}{2} \int_0^{\frac{1}{\sqrt{2}}} \frac{1}{\sqrt{1-x^2}} \mathrm{d}(1-x^2) + \int_0^{\frac{1}{\sqrt{2}}} \frac{1}{\sqrt{1-x^2}} \mathrm{d}x$$

$$= -\sqrt{1-x^2} \Big|_0^{\frac{1}{\sqrt{2}}} + \arcsin x \Big|_0^{\frac{1}{\sqrt{2}}}$$

$$= 1 - \frac{\sqrt{2}}{2} + \frac{\pi}{4}.$$

例 5.3.4　计算 $\int_0^4 \frac{x}{\sqrt{2x+1}} \mathrm{d}x$.

解：设 $\sqrt{2x+1} = t$，即 $x = \frac{t^2-1}{2}$，则 $\mathrm{d}x = \mathrm{d}\left(\frac{t^2-1}{2}\right) = t\,\mathrm{d}t$.

当 $x = 4$ 时，$t = 3$；当 $x = 0$ 时，$t = 1$.

$$\int_0^4 \frac{x}{\sqrt{2x+1}} \mathrm{d}x = \int_1^3 \frac{\frac{t^2-1}{2}}{t} \cdot t\,\mathrm{d}t = \frac{1}{2} \int_1^3 (t^2-1)\,\mathrm{d}t$$

$$= \frac{1}{2} \int_1^3 t^2\,\mathrm{d}t - \frac{1}{2} \int_1^3 1\,\mathrm{d}t$$

$$= \frac{1}{6} t^3 \Big|_1^3 - \frac{1}{2} t \Big|_1^3 = \frac{10}{3}.$$

例 5.3.5　计算 $\int_0^1 \sqrt{1-x^2}\,\mathrm{d}x$.

解法一：设 $x = \sin t$，则 $\sqrt{1-x^2} = \cos t$，$\mathrm{d}x = \cos t\,\mathrm{d}t$.

当 $x = 0$ 时，$t = 0$；当 $x = 1$ 时，$t = \frac{\pi}{2}$.

故有

$$\int_0^1 \sqrt{1-x^2}\,\mathrm{d}x = \int_0^{\frac{\pi}{2}} \cos t \cos t\,\mathrm{d}t = \int_0^{\frac{\pi}{2}} \frac{1+\cos 2t}{2}\,\mathrm{d}t$$

$$= \frac{1}{2}\left(t + \frac{1}{2}\sin 2t\right) \Big|_0^{\frac{\pi}{2}} = \frac{1}{2}\left(\frac{\pi}{2} + \frac{1}{2}\sin \pi\right) = \frac{\pi}{4}.$$

解法二：由定积分的几何意义可知，$\int_0^1 \sqrt{1-x^2}\,\mathrm{d}x$ 的值为位于第一象限的四分之一单位圆的面积，故有

$$\int_0^1 \sqrt{1-x^2}\,\mathrm{d}x = \frac{1}{4}\pi \cdot 1^2 = \frac{\pi}{4}.$$

此外，利用定积分的换元积分法还可以证明一些定积分恒等式，此时的关键是选择合适的变量替换.

例 5.3.6　证明 $\int_{-a}^a f(x)\mathrm{d}x = \begin{cases} 2\displaystyle\int_0^a f(x)\mathrm{d}x & \text{（当 } f(x) \text{ 为偶函数时）} \\ 0 & \text{（当 } f(x) \text{ 为奇函数时）} \end{cases}$.

证明：$\displaystyle\int_{-a}^{a} f(x)\mathrm{d}x = \int_{-a}^{0} f(x)\mathrm{d}x + \int_{0}^{a} f(x)\mathrm{d}x$.

对于等式右边第一式 $\displaystyle\int_{-a}^{0} f(x)\mathrm{d}x$ 作变量代换，令 $x=-t$，则 $\mathrm{d}x=-\mathrm{d}t$. 当 $x=-a$ 时，$t=a$；当 $x=0$ 时，$t=0$. 于是

$$\int_{-a}^{0} f(x)\mathrm{d}x = -\int_{a}^{0} f(-t)\mathrm{d}t = \int_{0}^{a} f(-t)\mathrm{d}t.$$

因定积分与积分变量无关，所以

$$\int_{0}^{a} f(-t)\mathrm{d}t = \int_{0}^{a} f(-x)\mathrm{d}x,$$

故

$$\int_{-a}^{a} f(x)\mathrm{d}x = \int_{-a}^{0} f(x)\mathrm{d}x + \int_{0}^{a} f(x)\mathrm{d}x$$

$$= \int_{0}^{a} f(-x)\mathrm{d}x + \int_{0}^{a} f(x)\mathrm{d}x$$

$$= \int_{0}^{a} [f(-x) + f(x)]\mathrm{d}x.$$

当 $f(x)$ 为偶函数时，$f(-x)+f(x)=f(x)+f(x)=2f(x)$，故

$$\int_{-a}^{a} f(x)\mathrm{d}x = 2\int_{0}^{a} f(x)\mathrm{d}x;$$

当 $f(x)$ 为奇函数时，$f(-x)+f(x)=0$，故

$$\int_{-a}^{a} f(x)\mathrm{d}x = 0.$$

即

$$\int_{-a}^{a} f(x)\mathrm{d}x = \begin{cases} 2\displaystyle\int_{0}^{a} f(x)\mathrm{d}x & （当 f(x) 为偶函数时） \\ 0 & （当 f(x) 为奇函数时） \end{cases}.$$

这个结论可以作为公式使用. 但必须注意它成立的两个前提条件：一是积分区间关于原点对称；二是被积函数具有奇偶性. 该公式的几何意义如图 5-3-1 和图 5-3-2 所示.

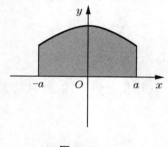

图 5-3-1

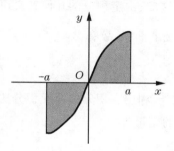

图 5-3-2

例 5.3.7   计算 $\int_{-\pi}^{\pi}(x^2+\sin^3x)\mathrm{d}x$.

解:因为积分区间关于原点对称,x^2 是偶函数,$\sin^3x$ 是奇函数,所以

$$\int_{-\pi}^{\pi}(x^2+\sin^3x)\mathrm{d}x=\int_{-\pi}^{\pi}x^2\mathrm{d}x+\int_{-\pi}^{\pi}\sin^3x\,\mathrm{d}x$$
$$=2\int_0^{\pi}x^2\mathrm{d}x+0$$
$$=\frac{2}{3}x^3\Big|_0^{\pi}=\frac{2}{3}\pi^3.$$

例 5.3.8   计算 $\int_{-2}^{2}(x-2)\sqrt{(4-x^2)^3}\mathrm{d}x$.

解:因为积分区间关于原点对称,$x\sqrt{(4-x^2)^3}$ 是奇函数,$2\sqrt{(4-x^2)^3}$ 是偶函数,所以

$$\int_{-2}^{2}(x-2)\sqrt{(4-x^2)^3}\mathrm{d}x=\int_{-2}^{2}x\sqrt{(4-x^2)^3}\mathrm{d}x-\int_{-2}^{2}2\sqrt{(4-x^2)^3}\mathrm{d}x$$
$$=-\int_{-2}^{2}2\sqrt{(4-x^2)^3}\mathrm{d}x$$
$$=-4\int_0^{2}\sqrt{(4-x^2)^3}\mathrm{d}x.$$

设 $x=2\sin t$,当 $x=0$ 时 $t=0$;当 $x=2$ 时 $t=\frac{\pi}{2}$. $\sqrt{(4-x^2)^3}=(2\cos t)^3$,$\mathrm{d}x=2\cos t\,\mathrm{d}t$,于是

$$原式=-4\int_0^{\frac{\pi}{2}}(2\cos t)^3\cdot2\cos t\,\mathrm{d}t=-64\int_0^{\frac{\pi}{2}}\cos^4t\,\mathrm{d}t$$
$$=-64\cdot\frac{3}{4}\cdot\frac{1}{2}\cdot\frac{\pi}{2}=-12\pi.$$

5.3.2 定积分的分部积分法

根据不定积分的分部积分公式$\left(\int u(x)\mathrm{d}v(x)=u(x)v(x)-\int v(x)\mathrm{d}u(x)\right)$及牛顿—莱布尼茨公式,可以得到定积分的分部积分公式.

定理 5.3.2   设函数 $u=u(x),v=v(x)$ 在区间$[a,b]$上有连续导数,则有
$$\int_a^b u(x)v'(x)\mathrm{d}x=u(x)v(x)\Big|_a^b-\int_a^b v(x)u'(x)\mathrm{d}x.$$

上式称为定积分的**分部积分公式**.

例 5.3.9   计算 $\int_0^{\frac{\pi}{2}}x\cos x\,\mathrm{d}x$.

解:$\int_0^{\frac{\pi}{2}}x\cos x\,\mathrm{d}x=\int_0^{\frac{\pi}{2}}x\,\mathrm{d}\sin x=x\sin x\Big|_0^{\frac{\pi}{2}}-\int_0^{\frac{\pi}{2}}\sin x\,\mathrm{d}x$

$$= \frac{\pi}{2} + \cos x \Big|_0^{\frac{\pi}{2}} = \frac{\pi}{2} - 1.$$

例 5.3.10　计算 $\int_1^e \ln x \, dx$.

解：$\int_1^e \ln x \, dx = x \ln x \Big|_1^e - \int_1^e x \, d\ln x = e - \int_1^e x \cdot \frac{1}{x} dx$

$$= e - x \Big|_1^e = 1.$$

例 5.3.11　计算 $\int_0^1 e^{\sqrt{x}} \, dx$.

解：先作变量替换，后分部积分.

令 $\sqrt{x} = t$，则 $x = t^2$，$dx = 2t \, dt$. 当 $x = 0$ 时，$t = 0$；当 $x = 1$ 时，$t = 1$. 于是

$$\int_0^1 e^{\sqrt{x}} \, dx = \int_0^1 e^t \cdot 2t \, dt = 2 \int_0^1 t e^t \, dt = 2 \int_0^1 t \, de^t$$

$$= 2(t e^t) \Big|_0^1 - 2 \int_0^1 e^t \, dt = 2e - 2e^t \Big|_0^1 = 2.$$

例 5.3.12　证明 $\int_0^{\frac{\pi}{2}} \sin^n x \, dx = \int_0^{\frac{\pi}{2}} \cos^n x \, dx$，并计算其值，其中 n 为自然数.

证明：对于 $\int_0^{\frac{\pi}{2}} \sin^n x \, dx$，令 $x = \frac{\pi}{2} - t$，则 $\sin x = \sin\left(\frac{\pi}{2} - t\right) = \cos t$，$dx = -dt$. 当 $x = 0$ 时，$t = \frac{\pi}{2}$；当 $x = \frac{\pi}{2}$ 时，$t = 0$. 故有

$$\int_0^{\frac{\pi}{2}} \sin^n x \, dx = -\int_{\frac{\pi}{2}}^0 \sin^n\left(\frac{\pi}{2} - t\right) dt = -\int_{\frac{\pi}{2}}^0 \cos^n t \, dt = \int_0^{\frac{\pi}{2}} \cos^n x \, dx.$$

以 $I_n = \int_0^{\frac{\pi}{2}} \sin^n x \, dx$ 为例求其值.

当 $n = 0$ 时，$I_0 = \int_0^{\frac{\pi}{2}} \sin^0 x \, dx = \int_0^{\frac{\pi}{2}} dx = \frac{\pi}{2}$.

当 $n = 1$ 时，$I_1 = \int_0^{\frac{\pi}{2}} \sin x \, dx = -\cos x \Big|_0^{\frac{\pi}{2}} = 1$.

当 $n \geqslant 2$ 时，

$$I_n = \int_0^{\frac{\pi}{2}} \sin^n x \, dx = -\int_0^{\frac{\pi}{2}} \sin^{n-1} x \, d(\cos x)$$

$$= -\left[\sin^{n-1} x \cdot \cos x \Big|_0^{\frac{\pi}{2}} - \int_0^{\frac{\pi}{2}} \cos x \, d(\sin^{n-1} x) \right]$$

$$= (n-1) \int_0^{\frac{\pi}{2}} \cos x \cdot \sin^{n-2} x \cdot \cos x \, dx$$

$$= (n-1) \int_0^{\frac{\pi}{2}} (1 - \sin^2 x) \cdot \sin^{n-2} x \, dx$$

$$= (n-1) \int_0^{\frac{\pi}{2}} \sin^{n-2} x \, \mathrm{d}x - (n-1) \int_0^{\frac{\pi}{2}} \sin^n x \, \mathrm{d}x$$

$$= (n-1) I_{n-2} - (n-1) I_n.$$

再移项化简得递推公式 $I_n = \dfrac{n-1}{n} I_{n-2}$.

重复使用这个递推公式,并考虑到 $I_0 = \dfrac{\pi}{2}, I_1 = 1$.

最后得到

当 n 为偶数时,$I_n = \dfrac{n-1}{n} \cdot \dfrac{n-3}{n-2} \cdot \cdots \cdot \dfrac{1}{2} \cdot \dfrac{\pi}{2}$;

当 n 为奇数时,$I_n = \dfrac{n-1}{n} \cdot \dfrac{n-3}{n-2} \cdot \cdots \cdot \dfrac{2}{3} \cdot 1$.

例如,$\displaystyle\int_0^{\frac{\pi}{2}} \sin^4 x \, \mathrm{d}x = \dfrac{3}{4} \cdot \dfrac{1}{2} \cdot \dfrac{\pi}{2} = \dfrac{3\pi}{16}, \int_0^{\frac{\pi}{2}} \cos^5 x \, \mathrm{d}x = \dfrac{4}{5} \cdot \dfrac{2}{3} \cdot 1 = \dfrac{8}{15}$.

 习题 5.3

1. 计算下列定积分.

(1) $\displaystyle\int_0^1 x(2x^2-1)^4 \, \mathrm{d}x$;　　　　　　(2) $\displaystyle\int_{\frac{1}{\pi}}^{\frac{2}{\pi}} \dfrac{\sin \dfrac{1}{y}}{y^2} \, \mathrm{d}y$;

(3) $\displaystyle\int_1^{\mathrm{e}} \dfrac{2+\ln x}{x} \, \mathrm{d}x$;　　　　　　(4) $\displaystyle\int_0^1 \dfrac{1}{\mathrm{e}^x + \mathrm{e}^{-x}} \, \mathrm{d}x$;

(5) $\displaystyle\int_{\frac{\pi}{6}}^{\frac{\pi}{2}} \cos^2 u \, \mathrm{d}u$;　　　　　　(6) $\displaystyle\int_0^{\frac{\pi}{2}} \sin x \cos^7 x \, \mathrm{d}x$;

(7) $\displaystyle\int_{-1}^1 \dfrac{x}{\sqrt{5+4x}} \, \mathrm{d}x$;　　　　　　(8) $\displaystyle\int_1^2 \dfrac{\sqrt{x^2-1}}{x} \, \mathrm{d}x$;

(9) $\displaystyle\int_1^{\sqrt{3}} \dfrac{1}{x\sqrt{x^2+1}} \, \mathrm{d}x$;　　　　　　(10) $\displaystyle\int_0^{\ln 2} \sqrt{\mathrm{e}^x-1} \, \mathrm{d}x$.

2. 计算下列定积分.

(1) $\displaystyle\int_0^1 x\mathrm{e}^{-x} \, \mathrm{d}x$;　　　　　　(2) $\displaystyle\int_0^{\frac{\pi}{2}} x\sin x \, \mathrm{d}x$;

(3) $\displaystyle\int_0^1 x\arctan x \, \mathrm{d}x$;　　　　　　(4) $\displaystyle\int_1^{\mathrm{e}} x^2 \ln x \, \mathrm{d}x$;

(5) $\displaystyle\int_{\frac{\pi}{4}}^{\frac{\pi}{3}} \dfrac{x}{\sin^2 x} \, \mathrm{d}x$;　　　　　　(6) $\displaystyle\int_0^{\left(\frac{\pi}{2}\right)^2} \cos \sqrt{x} \, \mathrm{d}x$.

3. 利用奇偶函数在对称区间上积分的性质,计算下列定积分.

$(1)\displaystyle\int_{-1}^{1}(1-x^2)^3\sin^3x\,\mathrm{d}x;$

$(2)\displaystyle\int_{-2}^{2}x\,\mathrm{e}^{|x|}\,\mathrm{d}x;$

$(3)\displaystyle\int_{-\frac{\pi}{2}}^{\frac{\pi}{2}}\sin^5x\,\mathrm{d}x;$

$(4)\displaystyle\int_{-\frac{\pi}{2}}^{\frac{\pi}{2}}\sin^4x\,\mathrm{d}x.$

§5.4　广义积分

前面讨论定积分时,我们总是假设被函数 $f(x)$ 在有限区间 $[a,b]$ 上有界,但是在用定积分处理实际问题时,还会遇到积分区间为无穷区间,或者被积函数在积分区间上是无界函数的情形,这样的积分称为广义积分.

5.4.1　无穷区间上的广义积分

我们先看一个例子.

例 5.4.1　求曲线 $y=\dfrac{1}{x^2}$,直线 $x=1$ 及 x 轴围成的平面图形的面积 A,即如图 5-4-1 所示阴影面积(向右无限延伸).

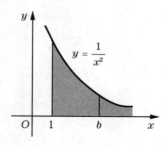

图 5-4-1

解:取 $b>1$,先求曲线 $y=\dfrac{1}{x^2}$,直线 $x=1,x=b$ 及 x 轴围成的平面图形的面积 S. 则

$$S=\int_{1}^{b}\frac{1}{x^2}\mathrm{d}x=-\left.\frac{1}{x}\right|_{1}^{b}=1-\frac{1}{b}.$$

显然,当 b 趋向无穷大时,S 趋向所求面积 A,即

$$A=\lim_{b\to+\infty}S=\lim_{b\to+\infty}\int_{1}^{b}\frac{1}{x^2}\mathrm{d}x=\lim_{b\to+\infty}-\left.\frac{1}{x}\right|_{1}^{b}=1.$$

我们把极限 $\displaystyle\lim_{b\to+\infty}\int_{1}^{b}\frac{1}{x^2}\mathrm{d}x$ 称为函数 $\dfrac{1}{x^2}$ 在无穷区间 $[1,+\infty)$ 上的广义积分. 由此

得出广义积分的定义.

定义 5.4.1　设函数 $f(x)$ 在区间 $[a,+\infty)$ 上连续,取 $b>a$,极限 $\lim\limits_{b\to+\infty}\int_a^b f(x)\mathrm{d}x$ 称为 $f(x)$ 在区间 $[a,+\infty)$ 上的**广义积分**,记为 $\int_a^{+\infty} f(x)\mathrm{d}x$. 即

$$\int_a^{+\infty} f(x)\mathrm{d}x =\lim_{b\to+\infty}\int_a^b f(x)\mathrm{d}x.$$

如果该极限存在,则称广义积分 $\int_a^{+\infty} f(x)\mathrm{d}x$ **收敛**;如果该极限不存在,则称广义积分 $\int_a^{+\infty} f(x)\mathrm{d}x$ **发散**.

类似地,可定义 $f(x)$ 在区间 $(-\infty,b]$ 上的广义积分为

$$\int_{-\infty}^b f(x)\mathrm{d}x =\lim_{a\to-\infty}\int_a^b f(x)\mathrm{d}x.$$

$f(x)$ 在区间 $(-\infty,+\infty)$ 上的广义积分为

$$\int_{-\infty}^{+\infty} f(x)\mathrm{d}x =\int_{-\infty}^c f(x)\mathrm{d}x +\int_c^{+\infty} f(x)\mathrm{d}x.$$

其中,c 为任意常数,当且仅当等式右边的两个广义积分都收敛时,广义积分 $\int_{-\infty}^{+\infty} f(x)\mathrm{d}x$ 收敛.

例 5.4.2　计算 $\int_{-\infty}^{+\infty} \dfrac{1}{1+x^2}\mathrm{d}x$.

解：
$$\begin{aligned}
\int_{-\infty}^{+\infty} \frac{1}{1+x^2}\mathrm{d}x &=\int_{-\infty}^0 \frac{1}{1+x^2}\mathrm{d}x +\int_0^{+\infty} \frac{1}{1+x^2}\mathrm{d}x \\
&=\lim_{a\to-\infty}\int_a^0 \frac{1}{1+x^2}\mathrm{d}x +\lim_{b\to+\infty}\int_0^{+\infty} \frac{1}{1+x^2}\mathrm{d}x \\
&=\lim_{a\to-\infty}\arctan x\Big|_a^0 +\lim_{b\to+\infty}\arctan x\Big|_0^b \\
&=-\lim_{a\to-\infty}\arctan a +\lim_{b\to+\infty}\arctan b \\
&=-\frac{\pi}{2}+\frac{\pi}{2}=\pi.
\end{aligned}$$

为了书写简便,通常把 $\lim\limits_{b\to+\infty}\left[F(x)\big|_a^b\right]$ 记为 $F(x)\big|_a^{+\infty}$,$\lim\limits_{a\to-\infty}\left[F(x)\big|_a^b\right]$ 记为 $F(x)\big|_{-\infty}^b$,$\lim\limits_{a\to-\infty}\left[F(x)\big|_a^c\right]+\lim\limits_{b\to+\infty}\left[F(x)\big|_c^b\right]$ 记为 $F(x)\big|_{-\infty}^{+\infty}$. 那么,例 5.4.2 的计算过程可以写成

$$\int_{-\infty}^{+\infty} \frac{1}{1+x^2}\mathrm{d}x =\arctan x\Big|_{-\infty}^{+\infty}=\lim_{x\to+\infty}\arctan x -\lim_{x\to-\infty}\arctan x$$

$$=\frac{\pi}{2}-\left(-\frac{\pi}{2}\right)=\pi.$$

例 5.4.3   计算 $\int_0^{+\infty} \sin x \, dx$.

解： $\int_0^{+\infty} \sin x \, dx = -\cos x \mid_0^{+\infty} = -\lim_{x \to +\infty} \cos x + \cos 0 = -\lim_{x \to +\infty} \cos x$.

因为极限 $\lim_{x \to +\infty} \cos x$ 不存在，所以无穷积分 $\int_0^{+\infty} \sin x \, dx$ 发散.

例 5.4.4   计算 $\int_0^{+\infty} e^{-x} \, dx$.

解： $\int_0^{+\infty} e^{-x} \, dx = \lim_{b \to +\infty} \int_0^b e^{-x} \, dx = \lim_{b \to +\infty} [-e^{-x}]_0^b = 1$.

例 5.4.5   计算 $\int_{-\infty}^0 x e^x \, dx$.

解： $\int_{-\infty}^0 x e^x \, dx = \int_{-\infty}^0 x \, de^x = x e^x \mid_{-\infty}^0 - \int_{-\infty}^0 e^x \, dx$

$$= 0 - \int_{-\infty}^0 e^x \, dx = -e^x \mid_{-\infty}^0 = -1.$$

其中，

$$x e^x \mid_{-\infty}^0 = x e^x \mid_{x=0} - \lim_{x \to -\infty} x e^x = 0 - \lim_{x \to -\infty} \frac{x}{e^{-x}} \quad \left(\frac{\infty}{\infty} \text{ 型} \right)$$

$$= -\lim_{x \to -\infty} \frac{1}{-e^{-x}} = 0.$$

例 5.4.6   讨论 $\int_a^{+\infty} \frac{1}{x^p} \, dx$ 的敛散 $(a > 0)$.

解： 当 $p = 1$ 时，

$$\int_a^{+\infty} \frac{1}{x^p} \, dx = \int_a^{+\infty} \frac{1}{x} \, dx = \ln x \mid_a^{+\infty} = +\infty (\text{发散});$$

当 $p < 1$ 时，

$$\int_a^{+\infty} \frac{1}{x^p} \, dx = \frac{1}{1-p} x^{1-p} \bigg|_a^{+\infty} = \infty (\text{发散});$$

当 $p > 1$ 时，

$$\int_a^{+\infty} \frac{1}{x^p} \, dx = \frac{1}{1-p} x^{1-p} \bigg|_a^{+\infty} = \frac{1}{1-p}(0 - a^{1-p}) = \frac{1}{(p-1)a^{p-1}} (\text{收敛}).$$

综上所述，积分 $\int_a^{+\infty} \frac{1}{x^p} \, dx$ $(a > 0)$，当 $p \leqslant 1$ 时发散；当 $p > 1$ 时收敛.

5.4.2   瑕积分

定义 5.4.2   设函数 $f(x)$ 在 $(a, b]$ 上连续，且 $\lim_{x \to a^+} f(x) = \infty$. 取 $\varepsilon > 0$，若极限

$\lim\limits_{\varepsilon \to 0^+}\int_{a+\varepsilon}^{b} f(x)\mathrm{d}x$ 存在,则称此极限值为函数 $f(x)$ 在 $(a,b]$ 上的**广义积分**,记作

$$\int_a^b f(x)\mathrm{d}x = \lim\limits_{\varepsilon \to 0^+}\int_{a+\varepsilon}^{b} f(x)\mathrm{d}x.$$

这时,我们称广义积分 $\int_a^b f(x)\mathrm{d}x$ **存在**或**收敛**;若极限 $\lim\limits_{\varepsilon \to 0^+}\int_{a+\varepsilon}^{b} f(x)\mathrm{d}x$ 不存在,则称广义积分 $\int_a^b f(x)\mathrm{d}x$ **不存在**或**发散**.

类似地,可以定义 $x=b$ 为函数 $f(x)$ 无穷间断点时的无界函数的广义积分为

$$\int_a^b f(x)\mathrm{d}x = \lim\limits_{\varepsilon \to 0^+}\int_a^{b-\varepsilon} f(x)\mathrm{d}x.$$

若极限存在,称广义积分**收敛**;否则,称之为**发散**.

对于函数 $f(x)$ 在 $[a,b]$ 上除 $c(a<c<b)$ 点外处处连续,而得情形,则定义为

$$\int_a^b f(x)\mathrm{d}x = \lim\limits_{\varepsilon_1 \to 0^+}\int_a^{c-\varepsilon_1} f(x)\mathrm{d}x + \lim\limits_{\varepsilon_2 \to 0^+}\int_{c+\varepsilon_2}^{b} f(x)\mathrm{d}x.$$

上述各广义积分统称为无界函数的广义积分,也称为**瑕积分**,无界函数的无穷间断点称为**瑕点**. 瑕积分与一般定积分的形式虽然一样,但其含义不同,因此,在计算定积分时,首先要考虑是常义积分还是瑕积分. 若是瑕积分,则要按瑕积分的计算方法处理.

例 5.4.7 计算 $\int_0^1 \dfrac{1}{\sqrt{1-x^2}}\mathrm{d}x$.

解:$\int_0^1 \dfrac{1}{\sqrt{1-x^2}}\mathrm{d}x = \lim\limits_{\varepsilon \to 0^+}\int_0^{1-\varepsilon} \dfrac{1}{\sqrt{1-x^2}}\mathrm{d}x = \lim\limits_{\varepsilon \to 0^+}\arcsin x \mid_0^{1-\varepsilon} = \lim\limits_{\varepsilon \to 0^+}\arcsin(1-\varepsilon) = \dfrac{\pi}{2}$.

例 5.4.8 讨论 $\int_0^1 \dfrac{1}{x^p}\mathrm{d}x$.

解:当 $p=1$ 时,$\int_0^1 \dfrac{1}{x}\mathrm{d}x$ 发散.

当 $p \neq 1$ 时,

$$\int_0^1 \frac{1}{x^p}\mathrm{d}x = \lim\limits_{\varepsilon \to 0^+}\int_\varepsilon^1 \frac{1}{x^p}\mathrm{d}x = \lim\limits_{\varepsilon \to 0^+}\frac{1}{1-p}x^{1-p}\mid_\varepsilon^1 = \lim\limits_{\varepsilon \to 0^+}\frac{1}{1-p}\varepsilon^{1-p} = \begin{cases} \dfrac{1}{1-p} & \text{(当 } p<1 \text{ 时)} \\ \text{发散} & \text{(当 } p>1 \text{ 时)} \end{cases}.$$

综上所述,当 $p<1$ 时,该瑕积分收敛,其值为 $\dfrac{1}{1-p}$;当 $p \leqslant 1$ 时,该瑕积分发散.

 **习题 5.4**

1. 计算下列广义积分.

$(1) \displaystyle\int_{1}^{+\infty} \frac{1}{1+x^2} \mathrm{d}x$;

$(2) \displaystyle\int_{\frac{2}{\pi}}^{+\infty} \frac{1}{x^2} \sin\frac{1}{x} \mathrm{d}x$;

$(3) \displaystyle\int_{0}^{+\infty} x\mathrm{e}^{-x} \mathrm{d}x$;

$(4) \displaystyle\int_{2}^{+\infty} \frac{\ln x}{x^2} \mathrm{d}x$;

$(5) \displaystyle\int_{0}^{1} \frac{1}{\sqrt{1-x}} \mathrm{d}x$;

$(6) \displaystyle\int_{0}^{1} \ln x \, \mathrm{d}x$.

2. 计算 $\displaystyle\int_{0}^{+\infty} t^5 \mathrm{e}^{-t} \mathrm{d}t$ 的值.

3. 证明广义积分 $\displaystyle\int_{2}^{+\infty} \frac{1}{x(\ln x)^k} \mathrm{d}x$,当 $k > 1$ 时收敛;当 $k \leqslant 1$ 时发散.

§5.5 定积分的应用

在本章前几节中,我们从实际问题抽象出定积分的概念,并研究了定积分的计算方法,其目的是为了更好的解决实际问题. 本节主要介绍定积分在计算面积、体积、弧长等数学问题中的应用,以及定积分在经济问题中的几个典型应用.

首先,介绍利用定积分解决实际问题的微元法.

5.5.1 微元法

在本章第一节中我们通过曲边梯形的面积问题引出了定积分的概念,其步骤为分割、近似、求和、取极限,最后得到定积分表达式

$$\int_{a}^{b} f(x)\mathrm{d}x = \lim_{\lambda \to 0} \sum_{i=1}^{n} f(\xi_i)\Delta x_i.$$

在实际问题中,用定积分表达量 F 时,通常采用一个简化的方法来建立所求量的积分式,其步骤为:

第一步,在任意微小子区间 $[x, x+\mathrm{d}x]$ 上求出部分量 ΔF 的近似值 $\mathrm{d}F = f(x)\mathrm{d}x$,并称之为所求量 F 的微元;

第二步,在整个区间 $[a, b]$ 上求定积分,得所求的量 $F = \displaystyle\int_{a}^{b} f(x)\mathrm{d}x$.

这种简化的方法称为**微元法**.

我们将借助微元法来讨论定积分在计算平面图形面积中的一些应用.

5.5.2　平面图形的面积

1. 曲边梯形的面积

由定积分的几何意义可知,对于非负函数 $f(x)$(即函数 $f(x)$ 对应曲线完全处于 x 轴上方),曲线 $y=f(x)$ 与直线 $x=a$,$x=b$ 以及 x 轴所围成平面图形(如图5-5-1)的面积微元 $\mathrm{d}A=f(x)\mathrm{d}x$,面积 $A=\int_a^b f(x)\mathrm{d}x$.

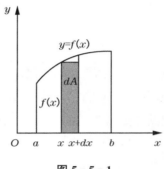

图 5-5-1

如果 $f(x)$ 时正时负,则所围图形的面积 $A=\int_a^b |f(x)|\mathrm{d}x$.

例5.5.1　计算余弦函数 $y=\cos x\left[x\in\left(-\dfrac{\pi}{2},\pi\right)\right]$ 与直线 $x=\pi$ 及 x 轴围成的平面图形的面积.

解:如图 5-5-2 所示,所求图形的面积为

$$A=\int_{-\frac{\pi}{2}}^{\frac{\pi}{2}}\cos x\,\mathrm{d}x-\int_{\frac{\pi}{2}}^{\pi}\cos x\,\mathrm{d}x=\sin x\Big|_{-\frac{\pi}{2}}^{\frac{\pi}{2}}-\sin x\Big|_{\frac{\pi}{2}}^{\pi}=2+1=3.$$

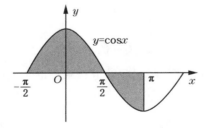

图 5-5-2

2. 上—下型曲线边界平面图形的面积

由上、下两条连续曲线 $f(x)$,$g(x)\big[(f(x)\geqslant g(x)\big]$ 及两条直线 $x=a$,$x=b$ 所围平面图形(如图 5-5-3)的面积为

$$A = \int_a^b [f(x) - g(x)] \mathrm{d}x.$$

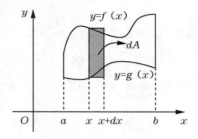

图 5‑5‑3

其中,被积表达式 $[f(x) - g(x)] \mathrm{d}x$ 为面积微元 $\mathrm{d}A$.

例 5.5.2 计算两条抛物线 $y^2 = x$ 与 $y = x^2$ 围成图形的面积.

解: 所给两条抛物线围成图形如图 5‑5‑4 所示. 为确定图形所在的范围,先求出两条抛物线的交点,即先将 $y^2 = x$ 与 $y = x^2$ 联立,得交点 $(0,0)$,$(1,1)$. 于是,所求图形的面积微元为 $\mathrm{d}A = (\sqrt{x} - x^2) \mathrm{d}x$. 所求图形的面积为

$$A = \int_0^1 (\sqrt{x} - x^2) \mathrm{d}x = \left[\frac{2}{3} x^{\frac{3}{2}} - \frac{1}{3} x^2 \right]_0^1 = \frac{1}{3}.$$

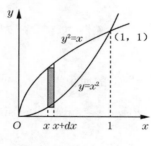

图 5‑5‑4

根据以上例题,求平面图形面积的具体步骤为:

第一步,描绘平面图形简图,联立曲线方程求出曲线与坐标轴及曲线间的交点坐标;

第二步,确定积分区间 $[a,b]$;

第三步,确定上、下两条曲线的方程 $f(x)$,$g(x)$,并写出积分表达式

$$[f(x) - g(x)] \mathrm{d}x \quad (上—下型);$$

第四步,计算定积分 $A = \int_a^b [f(x) - g(x)] \mathrm{d}x$,求出面积值.

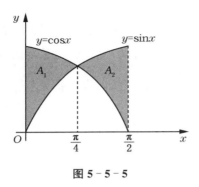

图 5 - 5 - 5

3. 稍复杂的曲线边界平面图形的面积

例 5.5.3 求曲线 $y = \sin x$，$y = \cos x$ 与直线 $x = 0$，$x = \dfrac{\pi}{2}$ 所围成图形的面积.

解：如图 5 - 5 - 5 所示，求得两条曲线交点横坐标为 $x = \dfrac{\pi}{4}$，于是所求面积为

$$A = \int_0^{\frac{\pi}{4}} (\cos x - \sin x)\,\mathrm{d}x + \int_{\frac{\pi}{4}}^{\frac{\pi}{2}} (\sin x - \cos x)\,\mathrm{d}x$$

$$= \left[\sin x + \cos x\right]_0^{\frac{\pi}{4}} + \left[-\cos x - \sin x\right]_{\frac{\pi}{4}}^{\frac{\pi}{2}}$$

$$= 2(\sqrt{2} - 1).$$

4. 左 — 右型曲线边界平面图形的面积

由左、右两条连续曲线 $x = \phi(y)$，$x = \psi(y)\left[\psi(y) \geqslant \phi(y)\right]$ 及直线 $y = c$，$y = d$ 所围成平面图形（如图 5 - 5 - 6）的面积为

$$A = \int_c^d \left[\psi(y) - \phi(y)\right]\mathrm{d}y.$$

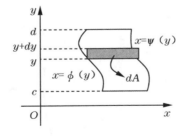

图 5 - 5 - 6

此时，选取 $y(y \in [c, d])$ 为积分变量，被积表达式 $[\psi(y) - \phi(y)]\mathrm{d}y$ 为面积微元 $\mathrm{d}A$.

例 5.5.4 计算抛物线 $y^2 = 2x$ 与直线 $x - y = 4$ 围成图形的面积.

解：如图 5-5-7 所示，先求出抛物线与直线的交点，联立曲线方程可得交点为 $(2,-2)$，$(8,4)$. 如果仍以 x 为积分变量（按上—下型平面图形求面积），该图形需要分割成两个部分来求. 如果更换 y 作为积分变量，其变化范围为 $[-2,4]$，于是所求面积的微元为 $\mathrm{d}A = \left(y+4-\dfrac{1}{2}y^2\right)\mathrm{d}y$. 故所求面积为

$$A = \int_{-2}^{4}\left(y+4-\dfrac{1}{2}y^2\right)\mathrm{d}y = \left[\dfrac{y^2}{2}+4y-\dfrac{1}{6}y^3\right]_{-2}^{4} = 18.$$

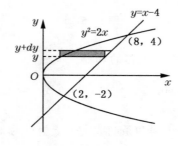

图 5-5-7

由此可见，合理选取积分变量非常重要.

5.5.3　旋转体的体积

一平面图形绕该平面内一直线旋转一周所生成立体称为**旋转体**，该直线称为旋转轴. 如矩形绕其对称轴旋转得到圆柱体，圆绕其直径旋转得到球体.

1. 以 x 轴为旋转轴的旋转体体积

一般地，我们利用定积分来研究由曲线 $y=f(x)$，直线 $x=a$，$x=b$ 及 x 轴围成的曲边梯形，绕 x 轴旋转生成立体的体积，如图 5-5-8 所示.

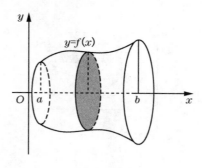

图 5-5-8

取 x 为积分变量，其变化区间为 $[a,b]$，在 $x\in[a,b]$ 处作一垂直于 x 轴的截面，它是半径为 $f(x)$ 的圆，其面积为

$$A(x)=\pi\bigl[f(x)\bigr]^{2};$$

体积的微元为

$$dV=\pi\bigl[f(x)\bigr]^{2}dx;$$

所求旋转体的体积为

$$V=\int_{a}^{b}dV=\int_{a}^{b}\pi\bigl[f(x)\bigr]^{2}dx.$$

那么,求旋转体体积的具体步骤为:

第一步,合理选择坐标系,描绘平面图形简图并确定半径函数 $f(x)$;

第二步,写出截面(圆)面积函数的表达式 $A(x)=\pi\bigl[f(x)\bigr]^{2}$;

第三步,确定积分区间 $[a,b]$;

第四步,计算定积分 $\int_{a}^{b}\pi\bigl[f(x)\bigr]^{2}dx$,求出旋转体体积.

例 5.5.5　求如图 5-5-9 所示的底面半径为 R,高为 h 的圆锥体的体积.

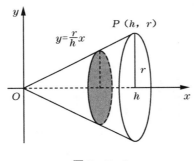

图 5-5-9

解:以圆锥体顶点为原点,中心轴为 x 轴.此圆锥体可以看作由直线 $y=\dfrac{r}{h}x$,$x=0,x=h$ 及 x 轴围成的直角三角形绕 x 轴旋转而成.由以 x 轴为旋转轴的旋转体体积计算公式,所求圆锥体的体积为

$$V=\int_{0}^{h}\pi\Bigl(\frac{r}{h}x\Bigr)^{2}dx=\frac{\pi r^{2}}{h^{2}}\Bigl[\frac{x^{3}}{3}\Bigr]_{0}^{h}=\frac{1}{3}\pi r^{2}h.$$

2. 以 y 轴为旋转轴的旋转体体积

如果旋转轴为 y 轴,用类似方法可求得相应旋转体的体积.

如图 5-5-10 所示,由曲线 $x=\phi(y),y=c,y=d$ 及 y 轴围成的曲边梯形,绕 y 轴旋转生成立体的体积为

$$V=\int_{c}^{d}\pi x^{2}dy=\int_{c}^{d}\pi\bigl[\phi(y)\bigr]^{2}dy.$$

此时应注意,选取 y 为积分变量.

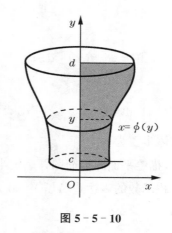

图 5 - 5 - 10

合理选取积分变量对定积分的应用非常重要.

例 5.5.6   求如图 5 - 5 - 11 所示的由抛物线 $y = x^2$ 与直线 $y = 1$ 围成的图形绕 y 轴旋转而成的旋转体体积.

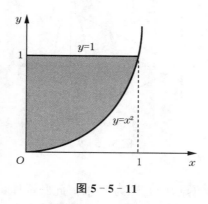

图 5 - 5 - 11

解:该旋转体的截面半径函数为 $x = \sqrt{y}$,截面面积函数 $A(y) = \pi[\sqrt{y}]^2$.

由以 y 轴为旋转轴的旋转体体积计算公式,所求旋转体的体积为

$$V = \int_0^1 \pi(\sqrt{y})^2 \mathrm{d}y = \pi \int_0^1 y \mathrm{d}y = \pi \left[\frac{y^2}{2}\right]_0^1 = \frac{\pi}{2}.$$

3. 中空的旋转体体积

中空的旋转体体积通常可看作两个旋转体体积之差.

如果我们记平面图形边界曲线中(不包括与旋转轴垂直的边界曲线)距离旋转轴较近的为内侧曲线,距离旋转轴较远的为外侧曲线,则中空的旋转体可看作将内侧曲线绕轴旋转而成的较小立体体积从由外侧曲线绕轴旋转而成的较大实心立体中去掉后所剩余的立体,故中空的立体体积可表示为两立体体积之差,即

$$V_{中空} = V_{外侧} - V_{内侧}.$$

例 5.5.7　求如图 $5 - 5 - 12$ 所示的由两抛物线 $y = x^2$ 与 $y^2 = x$ 所围平面图形绕 x 轴旋转而成的立体体积.

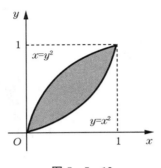

图 $5 - 5 - 12$

解：$y = x^2$ 与 $y^2 = x(x > 0)$ 的交点为 $(0,0)$ 与 $(1,1)$.

此立体可以看作由外侧抛物线 $y^2 = x$ 与内侧抛物线 $y = x^2$ 分别与直线 $x = 1$ 及 x 轴围成的平面图形绕 x 轴旋转而成的两个旋转体体积之差. 由旋转体体积计算公式得

$$V_{外侧} = \int_0^1 \pi \left[\sqrt{x} \right]^2 \mathrm{d}x;$$

$$V_{内侧} = \int_0^1 \pi \left[x^2 \right]^2 \mathrm{d}x;$$

$$V = V_{外侧} - V_{内侧} = \int_0^1 \pi \left[\sqrt{x} \right]^2 \mathrm{d}x - \int_0^1 \pi \left[x^2 \right]^2 \mathrm{d}x$$

$$= \pi \int_0^1 \left[x - x^4 \right] \mathrm{d}x = \pi \left[\frac{1}{2} x^2 - \frac{1}{5} x^5 \right]_0^1 = \frac{3}{10} \pi.$$

例 5.5.8　求如图 $5 - 5 - 13$ 所示的由曲线 $y = 2 - x^2, y = x (x \geqslant 0)$ 与 y 轴围成的平面图形绕 x 轴旋转生成旋转体的体积.

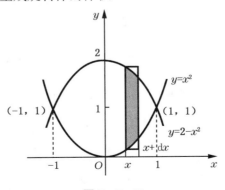

图 $5 - 5 - 13$

解：$y=2-x^2$ 与 $y=x(x>0)$ 的交点为 $(1,1)$.

此旋转体可以看作由曲线 $y=2-x^2$ 和直线 $y=x$ 分别与 $x=0,x=1$ 及 x 轴围成的平面图形绕 x 轴旋转生成旋转体体积之差. 由旋转体体积计算公式得

$$V=\pi\int_0^1\left[(2-x^2)^2-x^2\right]dx=\pi\left[4x-\frac{5}{3}x^3+\frac{1}{5}x^4\right]_0^1=\frac{38}{15}\pi.$$

5.5.4 定积分的经济应用

定积分在经济方面有着相当广泛的应用，以下介绍部分常见的应用实例.

1. 已知总产量变化率，求总产量

例 5.6.9 设某产品在时刻 t 总产量的变化率为 $f(t)=100+12t-0.6t^2$，求：

(1) 总产量函数 $Q(t)$；

(2) 从 $t_0=2$ 到 $t_1=4$ 这段时间内的总产量.

解：(1) 总产量函数为

$$Q(t)=\int_0^t f(u)du=\int_0^t(100+12u-0.6u^2)du=(100u+6u^2-0.2u^3)\big|_0^t$$

$$=100t+6t^2-0.2t^3;$$

(2) 从 $t_0=2$ 到 $t_1=4$ 这段时间内的总产量为

$$\int_2^4 f(t)dt=Q(t)\big|_2^4=Q(4)-Q(2)$$

$$=100\times4+6\times4^2-0.2\times4^3-(100\times2+6\times2^2-0.2\times2^3)$$

$$=206.8.$$

2. 已知边际函数，求总量函数

在导数部分的经济应用中，我们已经了解到总量函数（如总成本、总收入、总利润等）的导函数就是边际函数（如边际成本、边际收入、边际利润等），故可用定积分求出某给定区间范围内总量函数的具体值.

假定生产的单位产品个数为 a 时，

边际收入函数为 $R'(x)$，则总收入为 $R(a)=\int_0^a R'(x)dx$；

边际成本函数为 $C'(x)$，固定成本为 C_0，则总成本为 $C(a)=\int_0^a C'(x)dx+C_0$；

边际利润函数为 $L'(x)=R'(x)-C'(x)$，则总利润为 $L(a)=\int_0^a[R'(x)-C'(x)]dx-C_0$.

例 5.6.10 已知某电子产品生产 x 个时，固定成本 C_0 为 1 000 元，边际成本为 $C'(x)=x+24$，边际收入为 $R'(x)=200-\frac{x}{20}$（元/个），求：

(1)生产100个电子产品的总成本和总收入;

(2)生产100个电子产品后,再生产100个电子产品的总利润.

解:(1)$C(100) = \int_0^{100} C'(x)\mathrm{d}x + C_0 = \int_0^{100}(x+24)\mathrm{d}x + 1\,000$

$$= \left(\frac{1}{2}x^2 + 24x\right)\Big|_0^{100} + 1\,000 = 8\,400;$$

$$R(100) = \int_0^{100} R'(x)\mathrm{d}x = \int_0^{100}\left(200 - \frac{x}{20}\right)\mathrm{d}x$$

$$= \left(200x - \frac{1}{40}x^2\right)\Big|_0^{100} = 19\,750;$$

(2)$L = L(200) - L(100) = \int_{100}^{200}[R'(x) - C'(x)]\mathrm{d}x = \int_{100}^{200}\left[200 - \frac{x}{20} - (x+24)\right]\mathrm{d}x$

$$= \int_{100}^{200}\left(176 - \frac{21}{20}x\right)\mathrm{d}x = \left(176x - \frac{21}{40}x^2\right)\Big|_{100}^{200} = 1\,850.$$

3. 平均日库存率

库存函数$P(t)$是指某公司在日期t库存的某种产品的数量.平均日库存$Av(P)$则是指在时间范围$[0,T]$上库存数的平均值,即$Av(P) = \frac{1}{T}\int_0^T P(t)\mathrm{d}t$.

如果用平均日库存乘以单位产品保存费,还可以计算时间范围$[0,T]$内的平均日保存费用.

例5.6.11　如果某蛋糕厂14天的库存函数为$P(t) = 300 + 30t(0 \leqslant t \leqslant 14)$,求:

(1) 该厂的平均日库存$Av(P)$;

(2) 如果每箱蛋糕的日保存费为5元,求该厂的平均日保存费.

解:(1)$Av(P) = \frac{1}{14}\int_0^{14} P(t)\mathrm{d}t = \frac{1}{14}\int_0^{14}(300 + 30t)\mathrm{d}t$

$$= \frac{1}{14}(300x - 15x^2)\Big|_0^{14} = 510;$$

(2) 平均日保存费$= Av(P) \times 5 = 510 \times 5 = 2\,550(元).$

习题 5.5

1. 求下列图形的面积.

(1) 求由曲线$y = 3 + 2x - x^2$及直线$x = 1, x = 4$与x轴围成图形的面积;

(2) 求由$y = x^3$与$y = (x-2)^2$以及x轴围成图形的面积;

(3) 求由$y = \frac{1}{2}x^2$及$y = \sqrt{8 - x^2}$两条曲线围成图形的面积;

（4）求由曲线 $y^2 = x + 4$ 与直线 $x + 2y - 4 = 0$ 围成封闭图形的面积．

2. 求下列旋转体的体积．

（1）求由曲线 $y = \ln x, x = e, y = 0$ 围成的图形绕 y 轴旋转生成旋转体的体积；

（2）求由曲线 $y = \dfrac{1}{2}x^2$ 与 $y = x$ 所围成的图形分别绕 x 轴和 y 轴旋转生成旋转体的体积；

（3）求由曲线 $y = x^2$ 与直线 $x = 1, x = 2$ 及 $y = 0$ 围成图形绕 x 轴旋转生成的旋转体的体积．

3. 某医药公司生产一种常用针剂,15 天的库存函数为 $P(t) = 180 - t^2 (0 \leqslant t \leqslant 15)$,求:

（1）该医药公司的平均日库存 $Av(P)$;

（2）如果每箱针剂的日保存费为 6 元,求该医药公司的平均日保存费．

4. 某企业生产有机肥 x 吨时,边际成本为 $C'(x) = \dfrac{1}{10}x + 30$,边际收入为 $R'(x) = 500 - \dfrac{x}{5}$,固定成本为 900 元,求:

（1）生产 100 吨有机肥的总成本和总收入;

（2）生产 100 吨后,再生产 100 吨化肥的总成本．

 **拓展阅读**

不允许缺货的存贮模型

配件厂为装配线生产若干种部件,轮换生产不同的部件时因更换设备要付生产准备费(与生产数量无关),同一部件的产量大于需求时因积压资金、占用仓库要付存贮费．今已知某一部件的日需求量为 100 件,生产准备费为 5 000 元,存贮费每日每件 1 元．如果生产能力远大于需求,且不允许出现缺货,试安排该产品的生产计划:多少天生产一次(生产周期),每次产量多少可使总费用最小．

1. 问题分析

若每天生产一次,每次 100 件,那么,无存贮费,生产准备费为 5 000 元,即每天费用为 5 000 元;

若每 10 天生产一次,每次 1 000 件,那么,存贮费为 $900 + 800 + \cdots + 100 = 4\,500$ 元,生产准备费为 5 000 元,总计 9 500 元,即平均每天费用为 950 元;

若每 50 天生产一次,每次 5 000 件,那么,存贮费为 $4\,900 + 4\,800 + \cdots + 100 =$

122 500 元,生产准备费为 5 000 元,总计 127 500 元,即平均每天费用 2 550 元.

因而,解决这种问题是寻找生产周期、产量、需求量、生产准备费和存贮费之间的关系,使得每天的费用最少.

2. 模型假设

(1) 连续化,即设生产周期 T 和产量 Q 均为连续量;

(2) 产品每日的需求量为常数 r;

(3) 每次生产准备费 $C1$,每日每件产品存贮费 $C2$;

(4) 生产能力为无限大(相对于需求量),当存贮量降到零时,Q 件产品立即生产出来供给需求,即不允许缺货.

3. 模型建立

即总费用与变量的关系的建立.

总费用＝生产准备费＋存贮费;

存贮费＝存贮单价×存贮量;

存贮量的计算为:

设 t 时刻的存贮量为 $q(t)$,$t=0$ 时生产 Q 件,存贮量 $q(0)=Q$,$q(t)$ 以需求速率 r 线性递减,直至 $q(T)=0$,如图所示. $q(t)=Q-rt$,$Q=rT$.

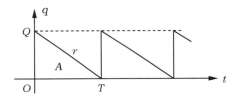

一个周期内存贮量为:

$$\int_0^T q(t)\mathrm{d}t = \frac{QT}{2}(\text{即 } A \text{ 的面积});$$

一个周期内存贮费为:

$$c_2 \int_0^T q(t)\mathrm{d}t;$$

一个周期的总费用为:

$$\overline{C} = c_1 + c_2 \int_0^T q(t)\,\mathrm{d}t = c_1 + c_2 \frac{QT}{2} = c_1 + c_2 \frac{rT^2}{2};$$

每天平均费用为:

$$C(T) = \frac{\overline{C}}{T} = \frac{c_1}{T} + c_2 \frac{rT}{2}.$$

4. 模型求解

求 T 满足 $$\min C(T) = \frac{c_1}{T} + c_2 \frac{rT}{2}.$$

用微分法对上式求解,即 $C'(T) = -\dfrac{c_1}{T^2} + c_2 \dfrac{r}{2} = 0$;

经过计算得:$T = \sqrt{\dfrac{2c_1}{c_2 r}}$,$Q = rT = \sqrt{\dfrac{2c_1 r}{c_2}}$;

则有,每天平均最小费用 $C = \sqrt{2c_1 c_2 r}$.

这就是著名的**经济订货批量公式(EOQ 公式)**.

第六章　微分方程

§6.1　微分方程的基本概念

微积分研究的主要对象是函数．在一些实际问题中,经常需要建立函数关系,有些问题通过分析变量之间的关系可以直接求得函数关系;但在许多问题中,往往不能直接找到函数关系,却可以找到含有未知函数的导数或者微分的关系式,这样的关系式就是微分方程．

6.1.1　微分方程的基本概念

我们通过例子来说明微分方程的基本概念．

引例 1　已知一条曲线过点$(1,0)$,且该曲线上任一点的切线斜率为$2x$,求该曲线的方程．

解: 设所求的曲线为$y=f(x)$,由题意得

$$\frac{\mathrm{d}y}{\mathrm{d}x}=2x. \tag{6.1.1}$$

此外有条件

$$f(1)=0.$$

对式(6.1.1)两边积分,得

$$y=\int 2x\,\mathrm{d}x=x^2+C.$$

其中,C为任意常数．

把$f(1)=0$代入,得

$$C=-1.$$

即得所求的曲线方程为

$$y=x^2-1.$$

引例 2 列车在平直轨道上以 20 米/秒的速度行驶,当制动时列车获得加速度 -0.4 米/秒^2. 问开始制动后多少时间列车才能停住,列车在这段时间里行驶了多少路程?

解:设列车的运动规律为 $s = s(t)$,由二阶导数的物理意义知

$$\frac{d^2s}{dt^2} = -0.4.$$ (6.1.2)

对式(6.1.2)两边积分一次,得

$$v = \frac{ds}{dt} = -0.4t + C_1,$$

再积分一次,得

$$s = -0.2t^2 + C_1 t + C_2,$$

其中,C_1,C_2 都是任意常数.

把已知条件 $s\mid_{t=0} = 0, v\mid_{t=0} = 20$ 代入得

$$C_1 = 20, C_2 = 0,$$

即 $$v = -0.4t + 20, s = -0.2t^2 + 20t.$$

令 $v = 0$,得到列车从开始制动到完全停住所需的时间为:

$$t = \frac{20}{0.4} = 50(秒).$$

把 $t = 50$ 代入 $s = -0.2t^2 + 20t$,得到列车在制动阶段行驶的路程为:

$$s = -0.2 \times 50^2 + 20 \times 50 = 500(米).$$

引例中的式(6.1.1)和式(6.1.2)含有未知函数的导数(或微分),它就是一个微分方程.

一般地,把含有未知函数的导数或微分的方程称为**微分方程**. 未知函数是一元函数的微分方程称为**常微分方程**. 本书中只介绍常微分方程的有关知识,故后文所述微分方程即指常微分方程.

微分方程中所出现的未知函数的最高阶的导数或微分的阶数,称为微分方程的**阶**.

例如,方程 $\frac{dy}{dx} = 2x$,$y' = x^2 y$ 都是一阶微分方程;

方程 $\frac{d^2s}{dt^2} = -0.4$ 是二阶微分方程;

方程 $x^3 y''' + x^2 y'' - 4xy' = 3x^2$ 是三阶微分方程;

方程 $y^{(4)} - 4y''' + 10y'' - 12y' + 5y = \sin 2x$ 是四阶微分方程.

在用微分方程研究数学问题或者实际问题时,首先由问题的条件建立微分方程,

然后找出满足微分方程的函数,即解出微分方程. 满足微分方程的函数称为微分方程的**解**.

引例中,函数 $y=x^2+C$ 和 $y=x^2-1$ 都是微分方程式(6.1.1) 的解.

如果微分方程的解中含有任意常数,且相互独立任意常数的个数与微分方程的阶数相同,这样的解称为微分方程的**通解**,如函数 $y=x^2+C$ 就是微分方程式(6.1.1) 的通解.

通解中的任意常数得到确定后,就是微分方程的**特解**,如函数 $y=x^2-1$ 就是微分方程式(6.1.1) 的特解.

使得通解中任意常数得到确定的条件,称为**初始条件**,如条件 $f(1)=0$ 就是微分方程式(6.1.1) 的初始条件.

例 6.1.1　验证:函数 $y=C_1\cos x+C_2\sin x$ 是微分方程 $y''+y=0$ 的通解. 并求满足初始条件 $y(0)=1,y'(0)=0$ 的特解.

解:由题意得

$$y'=-C_1\sin x+C_2\cos x;$$
$$y''=-C_1\cos x-C_2\sin x.$$

把 y'' 及 y 代入微分方程,得

$$-C_1\cos x-C_2\sin x+C_1\cos x+C_2\sin x=0.$$

所以,此函数是微分方程的解,又因为此解中含有两个独立的任意常数,且该方程的阶数为二阶,故此解是微分方程的通解.

将以上条件代入通解,得

$$C_1=1,C_2=0.$$

所以,所求的特解为

$$y=\cos x.$$

 习题 6.1

1. 指出下列微分方程的阶数.

(1)$\mathrm{d}y=(x^2+y^2)\mathrm{d}x$;　　　　　(2)$(y')^2-5y'+x^2=0$;

(3)$(y'')^5+2y=\sin x$;　　　　　(4)$\dfrac{\mathrm{d}^2 y}{\mathrm{d}x^2}+2y=\sin x$;

(5)$y^{(5)}-2y^{(3)}+y'+2y=0$.

2. 指出下列各题中的函数是否为所给微分方程的解,并指出是通解还是特解.

(1)$xy'=2y$,$y=5x^2$;

(2) $y'' + y = 0, y = 3\sin x - 4\cos x$；

(3) $y'' - 2y' + y = 0, y = x^2 e^x$；

(4) $y'' - 2y' + y = 0, y = C_1 e^x + C_2 e^{-x}$．

3. 写出由下列条件确定的曲线所能满足的微分方程．

(1) 曲线在点 (x, y) 处的切线斜率等于该点横坐标的平方；

(2) 曲线上点 $P(x, y)$ 处的法线与 x 轴的交点为 Q，且线段 PQ 被 y 轴平分．

§6.2　一阶微分方程

微分方程的类型多种多样，解法也各不相同．本节介绍的一阶微分方程包括可分离变量的微分方程和一阶线性微分方程．

6.2.1　可分离变量的微分方程

引例　英国学者马尔萨斯认为人口的相对增长率为常数，即如果假设时刻 t 人口数为 $x(t)$，则人口增长速度 $\dfrac{\mathrm{d}x}{\mathrm{d}t}$ 与人口总量 $x(t)$ 成正比，从而建立了马尔萨斯人口模型：

$$\begin{cases} \dfrac{\mathrm{d}x}{\mathrm{d}t} = ax \\ x(t_0) = x_0 \end{cases} \quad (a > 0),$$

$$\frac{\mathrm{d}y}{\mathrm{d}x} = f(x)g(y). \qquad (6.2.1)$$

形如式(6.2.1)的一阶微分方程称为**可分离变量的微分方程**，其中，$f(x), g(y)$ 分别是变量 x, y 的已知连续函数．

当 $g(y) \neq 0$ 时，将式(6.2.1)分离变量，得

$$\frac{\mathrm{d}y}{g(y)} = f(x)\mathrm{d}x.$$

两边积分即可求得微分方程的通解，得

$$\int \frac{\mathrm{d}y}{g(y)} = \int f(x)\mathrm{d}x,$$

当 $g(y) = 0$ 时，$y = y_0$ 即是微分方程的解．

如果一阶微分方程可以表示成

$$\frac{\mathrm{d}y}{\mathrm{d}x} = f(x)g(y),$$

或
$$f_1(x)g_1(y)\mathrm{d}x + f_2(x)g_2(y)\mathrm{d}y = 0,$$
则称之为**可分离变量的一阶微分方程**,简称**可分离变量的微分方程**.

此类方程解法步骤为:

第一步,分离变量
$$\frac{\mathrm{d}y}{g(y)} = f(x)\mathrm{d}x;$$

第二步,两边积分
$$\int \frac{\mathrm{d}y}{g(y)} = \int f(x)\mathrm{d}x.$$

积分后整理可得方程的通解.

例 6.2.1　求微分方程$\dfrac{\mathrm{d}y}{\mathrm{d}x} = 2xy$ 的通解.

解:此方程为可分离变量的微分方程.

先分离变量,得
$$\frac{\mathrm{d}y}{y} = 2x\,\mathrm{d}x,$$

再两边积分
$$\int \frac{\mathrm{d}y}{y} = \int 2x\,\mathrm{d}x,$$

得
$$\ln|y| = x^2 + C_1,$$

从而
$$|y| = \mathrm{e}^{x^2+C_1} = \mathrm{e}^{C_1}\mathrm{e}^{x^2},$$

即
$$y = \pm \mathrm{e}^{C_1}\mathrm{e}^{x^2}.$$

记 $C = \pm \mathrm{e}^{C_1}$,C 为任意常数,可得方程的通解为 $y = C\mathrm{e}^{x^2}$.

例 6.2.2　求微分方程$(x+xy^2)\mathrm{d}x + (y-x^2y)\mathrm{d}y = 0$ 的通解.

解:原方程可化为 $x(1+y^2)\mathrm{d}x + y(1-x^2)\mathrm{d}y = 0$,是可分离变量的微分方程.

先分离变量,得
$$\frac{y\,\mathrm{d}y}{1+y^2} = \frac{x\,\mathrm{d}x}{x^2-1},$$

再两边积分
$$\int \frac{y\,\mathrm{d}y}{1+y^2} = \int \frac{x\,\mathrm{d}x}{x^2-1},$$

得
$$\frac{1}{2}\ln(1+y^2) = \frac{1}{2}\ln(x^2-1) + C_1.$$

为了化简方便,将任意常数 C_1 写成 $\dfrac{1}{2}\ln C$,得

$$\frac{1}{2}\ln(1+y^2)=\frac{1}{2}\ln C(x^2-1),$$

即 $1+y^2=C(x^2-1)$.

这就是所求的通解.

6.2.2   一阶线性微分方程

$$\frac{\mathrm{d}y}{\mathrm{d}x}+P(x)y=Q(x) \tag{6.2.2}$$

形如式(6.2.2)的方程称为**一阶线性微分方程**,因为它对于未知函数及其一阶导数都是一次方程. 其中,$P(x)$ 和 $Q(x)$ 为已知函数,如果 $Q(x)=0$,则方程式(6.2.2)称为**一阶线性齐次微分方程**;否则,称为**一阶线性非齐次微分方程**.

为了求出一阶线性非齐次微分方程的解,我们先解其对应的齐次方程:

$$\frac{\mathrm{d}y}{\mathrm{d}x}+P(x)y=0. \tag{6.2.3}$$

式(6.2.3)是可分离变量的方程,先分离变量,得

$$\frac{\mathrm{d}y}{y}=-P(x)\mathrm{d}x,$$

再两边积分,得

$$\ln y=-\int P(x)\mathrm{d}x+\ln C,$$

即

$$y=C\mathrm{e}^{-\int P(x)\mathrm{d}x}.$$

这就是对应的齐次线性方程 $\frac{\mathrm{d}y}{\mathrm{d}x}+P(x)y=0$ 的通解.

我们采用**常数变易法**来求非齐次线性方程 $\frac{\mathrm{d}y}{\mathrm{d}x}+P(x)y=Q(x)$ 的通解. 将齐次方程的通解中的常数 C 用函数 $C(x)$ 代替,得

$$y=C(x)\mathrm{e}^{-\int P(x)\mathrm{d}x}. \tag{6.2.4}$$

其中,$C(x)$ 为待定函数,这一步称为**常数变易**.

将其代入方程式(6.2.2)来确定 $C(x)$,得

$$C'(x)\mathrm{e}^{-\int P(x)\mathrm{d}x}-P(x)C(x)\mathrm{e}^{-\int P(x)\mathrm{d}x}+P(x)C(x)\mathrm{e}^{-\int P(x)\mathrm{d}x}=Q(x),$$

由此得

$$C(x)=\int Q(x)\mathrm{e}^{\int P(x)\mathrm{d}x}\mathrm{d}x+C.$$

将 $C(x)$ 代入式(6.2.4),整理可得非齐次线性方程的通解为

$$y=C\mathrm{e}^{-\int P(x)\mathrm{d}x}+\mathrm{e}^{-\int P(x)\mathrm{d}x}\int Q(x)\mathrm{e}^{\int P(x)\mathrm{d}x}\mathrm{d}x. \tag{6.2.5}$$

式(6.2.5)的右边第一项恰好是对应齐次方程式(6.2.3)的通解,第二项是非齐次线性方程式(6.2.4)的一个特解,由此可见,一阶非齐次线性方程的通解等于它所对应的齐次线性方程的通解与它自身的一个特解之和.

例 6.2.3　求微分方程$\dfrac{\mathrm{d}y}{\mathrm{d}x}-\dfrac{2y}{x+1}=(x+1)^{\frac{5}{2}}$ 的通解.

解:这是一阶线性非齐次微分方程.

先解对应的齐次方程

$$\frac{\mathrm{d}y}{\mathrm{d}x}-\frac{2y}{x+1}=0.$$

先分离变量,得

$$\frac{\mathrm{d}y}{y}=\frac{2\mathrm{d}x}{x+1},$$

再两边积分,得

$$\ln y=2\ln(x+1)+\ln C,$$

整理为
$$y=C(x+1)^2.$$

用常数变易法,把 C 换成 $C(x)$,即设 $y=C(x)(x+1)^2$,

则
$$\frac{\mathrm{d}y}{\mathrm{d}x}=C'(x)(x+1)^2+2C(x)(x+1),$$

代入原方程,得

$$C'(x)=(x+1)^{\frac{1}{2}},$$

积分后得
$$C(x)=\frac{2}{3}(x+1)^{\frac{3}{2}}+C,$$

故原方程的通解为

$$y=(x+1)^2\left[\frac{2}{3}(x+1)^{\frac{3}{2}}+C\right].$$

求非齐次线性方程的通解时,也可以直接套用通解公式(6.2.5).

例 6.2.4　求微分方程 $y'+y\cos x=\cos x$ 满足初始条件 $y\big|_{x=0}=1$ 下的特解.

解:这是一阶线性非齐次微分方程,其中 $P(x)=\cos x$,$Q(x)=\cos x$.

使用式(6.2.5),得

$$y=\mathrm{e}^{-\int\cos x\,\mathrm{d}x}\left[\int(\cos x)\mathrm{e}^{\int\cos x\,\mathrm{d}x}\,\mathrm{d}x+C\right]$$

$$=\mathrm{e}^{-\sin x}\left[\int(\cos x)\mathrm{e}^{\sin x}\,\mathrm{d}x+C\right]$$

$$=\mathrm{e}^{-\sin x}\left(\int\mathrm{e}^{\sin x}\,\mathrm{d}\sin x+C\right)$$

$$= e^{-\sin x}(e^{\sin x} + C).$$

把初始条件 $y|_{x=0}=1$ 代入，得 $C=0$，

故所求的特解是 $y=1$.

微分方程的应用非常广泛，许多问题的研究往往归结为求微分方程的解.

应用微分方程解决问题的一般步骤为：

(1) 分析问题，建立微分方程，找出初始条件；

(2) 求出此微分方程的通解；

(3) 根据初始条件确定所需的特解.

例 6.2.5   碳-14 的半衰期约为 5 730 年，动植物体内均含有固定比的碳-14，而其死亡后所含碳-14 按与瞬时存量成比例的速率减少. 1972 年初，发掘长沙马王堆一号墓时，测得墓中木炭碳-14 含量为原含量的 77.2%. 试断定马王堆一号墓主人戴侯夫人辛追的死亡时间.

解：设墓中碳-14 在 t 时刻含量为 $M(t)$.

由题意得微分方程

$$\frac{\mathrm{d}M}{\mathrm{d}t} = -\lambda M.$$

其中，$\lambda(\lambda>0)$ 是常数，λ 前的符号表示当 t 增加时 M 单调减少，即 $\frac{\mathrm{d}M}{\mathrm{d}t}<0$.

设碳-14 原含量为 M_0，初始条件为 $M|_{t=0}=M_0$.

将方程分离变量，得

$$\frac{\mathrm{d}M}{M} = -\lambda\,\mathrm{d}t;$$

再积分求解，得

$$\ln M = -\lambda t + \ln C,$$

即 $M=Ce^{-\lambda t}$.

将初始条件 $M|_{t=0}=M_0$ 代入，得

$$M_0 = Ce^0 = C.$$

所以碳-14 含量 $M(t)$ 随时间 t 变化的规律为 $M=M_0 e^{-\lambda t}$.

又由碳-14 半衰期为 5 730 年，所以

$$\frac{1}{2}M_0 = M_0 e^{-\lambda 5\,730},$$

解得 $\lambda=\dfrac{\ln 2}{5\,730}, t=\dfrac{5\,730}{\ln 2}\ln\dfrac{M}{M_0}$.

当 $\dfrac{M}{M_0}=0.772$ 时，$t=-\dfrac{5\,730}{\ln 2}\ln\dfrac{M}{M_0}=-\dfrac{5\,730}{\ln 2}\ln 0.772 \approx 2\,139$.

这表明距马王堆一号墓发掘时,墓主人戴侯夫人辛追已死亡约 2 139 年,由发掘时间可知死亡时间约为公元前 168 年.

 习题 6.2

1. 下列方程是否为可分离变量的微分方程.

(1) $\dfrac{\mathrm{d}y}{\mathrm{d}x} = yx + x$；

(2) $y\dfrac{\mathrm{d}y}{\mathrm{d}x} = \mathrm{e}^{x+y} + x$；

(3) $\dfrac{\mathrm{d}y}{\mathrm{d}x} = yx + x^2$；

(4) $\dfrac{\mathrm{d}y}{\mathrm{d}x} = y^2 + x^2$.

2. 求下列可分离变量的微分方程的通解.

(1) $y' - 3y = 0$；

(2) $y'\tan x = y$；

(3) $xy' - y\ln y = 0$.

3. 求微分方程 $y' = \mathrm{e}^{2x-y}$ 满足所给初始条件 $y(0) = 0$ 的特解.

4. 求下列一阶线性微分方程的通解.

(1) 求微分方程 $\dfrac{\mathrm{d}y}{\mathrm{d}x} + 2xy = 2x\,\mathrm{e}^{-x^2}$ 的通解；

(2) 求微分方程 $xy' + y = \mathrm{e}^x$ 的通解.

5. 用微分方程 $\dfrac{\mathrm{d}y}{\mathrm{d}t} = 100 - y$ 模拟一位学生的学习过程,其中 y 是一门专业知识(或一项专业技能)被掌握的百分数,时间 t 的单位为周,求学习过程的规律.

§6.3　几种特殊的高阶微分方程

6.3.1　形如 $y^{(n)} = f(x)$ 的微分方程

微分方程 $y^{(n)} = f(x)$ 的右端仅含有自变量 x.

将两边积分,得到一个 $n-1$ 阶方程:

$$y^{(n-1)} = \int f(x)\mathrm{d}x + C_1,$$

再积分一次,得

$$y^{(n-2)} = \int \left[\int f(x)\mathrm{d}x + C_1 \right] + C_2,$$

依次进行 n 次积分,得到含有 n 个任意常数的通解.

例 6.3.1   求微分方程 $y''' = \cos x$ 的通解．

解：对原方程积分，得

$$y'' = \int \cos x \, \mathrm{d}x = \sin x + C_1,$$

再积分，得

$$y' = \int (\sin x + C_1) \mathrm{d}x = -\cos x + C_1 x + C_2,$$

所以，通解为：

$$y = \int (-\cos x + C_1 x + C_2) \mathrm{d}x$$

$$= -\sin x + \frac{C_1}{2} x^2 + C_2 x + C_3.$$

6.3.2   二阶常系数线性齐次微分方程

定义 6.3.1   形如 $y'' + P(x)y' + Q(x)y = f(x)$ 的微分方程称为**二阶线性微分方程**．当 $f(x) = 0$ 时，称为**二阶线性齐次微分方程**；当 $f(x) \neq 0$ 时，称为**二阶线性非齐次微分方程**．

为了研究二阶线性微分方程的解法，我们先来讨论二阶线性微分方程解的结构．

定理 6.3.1   如果函数 $y_1(x)$ 与 $y_2(x)$ 是二阶线性齐次微分方程

$$y'' + P(x)y' + Q(x)y = 0$$

的两个解，那么 $y = C_1 y_1(x) + C_2 y_2(x)$ 也是方程的解，其中，C_1, C_2 是任意常数．

例如，$y_1 = e^{3x}$ 与 $y_2 = 2e^{3x}$ 都是微分方程 $y'' - 2y' - 3y = 0$ 的解，可以验证，$y = C_1 e^{3x} + C_2 \cdot 2e^{3x}$ 也是该微分方程的解，其中 C_1, C_2 是任意常数．

定理 6.1 表明，线性齐次微分方程的解符合叠加原理，但是叠加起来的解 $y = C_1 y_1(x) + C_2 y_2(x)$ 不一定是微分方程的通解．

因为 $y = C_1 e^{3x} + C_2 \cdot 2e^{3x} = (C_1 + 2C_2)e^{3x} = Ce^{3x}$，所以 $y = C_1 e^{3x} + C_2 \cdot 2e^{3x}$ 不是微分方程 $y'' - 2y' - 3y = 0$ 的通解．可以验证 $y_1 = e^{3x}$ 与 $y_2 = e^{-x}$ 都是微分方程 $y'' - 2y' - 3y = 0$ 的解，由定理可知，当 C_1, C_2 为两个任意常数时，$y = C_1 e^{3x} + C_2 e^{-x}$ 也是微分方程的解，而且由于这个解含有两个互相独立的任意常数，因此 $y = C_1 e^{3x} + C_2 e^{-x}$ 是这个微分方程的通解．由此可见定理 5.1 中的解能否成为微分方程的通解与这两个函数的性质有关．为此，给出两个函数 y_1 与 y_2 线性相关与线性无关的概念．

若 $\dfrac{y_1}{y_2} \neq k$（k 是常数），则称 y_1 与 y_2 线性无关；否则，称 y_1 与 y_2 线性相关．

例如，$e^{3x}, 2e^{3x}$ 是线性相关的；函数 e^{3x}, e^{-x} 是线性无关的．

定理 6.3.2   如果函数 $y_1(x)$ 与 $y_2(x)$ 是微分方程 $y'' + P(x)y' + Q(x)y = 0$ 的

两个线性无关的解,则 $y=C_1y_1(x)+C_2y_2(x)(C_1,C_2$ 是任意常数)是该方程的通解.

在线性微分方程中,若未知函数及其各阶导数的系数都是常数,则称为**常系数线性微分方程**.

二阶常系数线性齐次微分方程的一般形式为:
$$y''+py'+qy=0 \qquad (p,q \text{ 均为常数}).$$

由定理 6.2 知,如果 y_1,y_2 是二阶常系数齐次线性微分方程的两个线性无关解,那么 $y=C_1y_1+C_2y_2$ 就是它的通解.

方程 $r^2+pr+q=0$,称为微分方程 $y''+py'+qy=0$ 的**特征方程**,其根称为微分方程的**特征根**. 特征方程的两个根 r_1,r_2 可用公式 $r_{1,2}=\dfrac{-p\pm\sqrt{p^2-4q}}{2}$ 求出.

特征方程的根与微分方程的通解有以下关系:

(1)特征方程有两个不相等的实根 r_1,r_2 时,函数 $y_1=\mathrm{e}^{r_1x}$,$y_2=\mathrm{e}^{r_2x}$ 是微分方程的两个线性无关的解,因此,方程的通解为 $y=C_1\mathrm{e}^{r_1x}+C_2\mathrm{e}^{r_2x}$;

(2)特征方程有两个相等的实根 $r_1=r_2$ 时,函数 $y_1=\mathrm{e}^{r_1x}$,$y_2=x\mathrm{e}^{r_1x}$ 是微分方程的两个线性无关的解,因此,方程的通解为 $y=C_1\mathrm{e}^{r_1x}+C_2x\mathrm{e}^{r_1x}$.

(3)特征方程有一对共轭复根 $r_{1,2}=\alpha\pm i\beta$ 时,函数 $y_1=\mathrm{e}^{(\alpha+i\beta)x}$,$y_2=\mathrm{e}^{(\alpha-i\beta)x}$ 是微分方程的两个线性无关的复数形式的解,因此,方程的通解为 $y=\mathrm{e}^{\alpha x}(C_1\cos\beta x+C_2\sin\beta x)$.

综上所述,求二阶常系数齐次线性微分方程 $y''+py'+qy=0$ 的通解的步骤为:

第一步,写出微分方程的特征方程:$r^2+pr+q=0$;

第二步,求出特征方程的两个根 r_1,r_2;

第三步,根据特征方程的两个根的不同情况,写出微分方程的通解(见下表).

特征方程 $r^2+pr+q=0$ 的根	微分方程 $y''+py'+qy=0$ 的通解
有两个不相等的实根 r_1,r_2	$y=C_1\mathrm{e}^{r_1x}+C_2\mathrm{e}^{r_2x}$
有两个相等的实根 $r_1=r_2$	$y=C_1\mathrm{e}^{r_1x}+C_2x\mathrm{e}^{r_1x}$
有一对共轭复根 $r_{1,2}=\alpha\pm i\beta$	$y=\mathrm{e}^{\alpha x}(C_1\cos\beta x+C_2\sin\beta x)$

例 6.3.2 求微分方程 $y''-2y'-3y=0$ 的通解.

解:所给微分方程的特征方程为
$$r^2-2r-3=0,\text{即}(r+1)(r-3)=0.$$

$r_1=-1,r_2=3$ 是两个不相等的实根,因此,所求通解为 $y=C_1\mathrm{e}^{-x}+C_2x\mathrm{e}^{3x}$.

例 6.3.3 求微分方程 $\dfrac{d^2 s}{dt^2}+2\dfrac{ds}{dt}+s=0$ 满足初始条件 $s|_{t=0}=4, s'|_{t=0}=-2$ 的特解.

解: 所给方程的特征方程为

$$r^2+2r+1=0, 即 (r+1)^2=0.$$

$r_1=r_2=-1$ 是两个相等的实根,因此,所给微分方程的通解为 $s=(C_1+C_2 t)e^{-t}$.

将条件 $s|_{t=0}=4$ 代入,得 $C_1=4$,从而

$$s=(4+C_2 t)e^{-t}.$$

再对 x 求导,得

$$s'=(C_2-4-C_2 t)e^{-t}.$$

把条件 $s'|_{t=0}=-2$ 代入,得

$$C_2=2.$$

于是所求特解为

$$s=(4+2t)e^{-t}.$$

例 6.3.4 求微分方程 $y''-2y'+5y=0$ 的通解.

解: 所给方程的特征方程为

$$r^2-2r+5=0.$$

$r_1=1+2i, r_2=1-2i$,它们是一对共轭复根,因此,所求通解为

$$y=e^x(C_1\cos 2x+C_2\sin 2x).$$

 习题 6.3

1. 判断 $y_1(x), y_2(x)$ 是线性相关还是线性无关.

(1) $y_1=\cos x^2, y_2=\sin x^2$；　　　　　　(2) $y_1=3x^2-2x, y_2=-6x^2+4x$.

2. 求下列微分方程的通解.

(1) $y'''=x$；　　　　　　(2) $y''=x+\sin x$.

3. 求下列微分方程的通解或特解.

(1) $y''+4y'-5y=0$；

(2) $4y''+4y'+y=0, y(0)=2, y'(0)=0$；

(3) $y''+2y'+4y=0$.

4. 已知二阶常系数线性齐次微分方程的通解为 $y=c_1 e^{2x}+c_2 e^{-3x}$,求该方程.

 **拓展阅读**

"神舟飞船"是这样上天的

神舟系列飞船顺利升空,中国人漫步太空,世界瞩目,举国欢庆. 你可知道飞船顺利上天与微分方程有着密不可分的关系? 微分方程在很多学科领域内有着重要的应用,如自动控制、各种电子学装置的设计、弹道的计算、飞机和导弹飞行的稳定性的研究,这些都是航空航天技术的组成部分.

火箭启动之后,从初始速度为零,进行加速度运动. 在上升过程中,火箭因为燃料大量消耗而质量减轻,同时高层空气变得稀薄,使得所受空气阻力减少而加速运动. 可达到第一宇宙速度(约为 7.9 千米/秒),第二宇宙速度(约为 11.2 千米/秒)或第三宇宙速度(约为 16.7 千米/秒). 大家知道,第一宇宙速度(又称环绕速度)是指火箭能够达到围绕地球轨迹运转的地球卫星运动速度;第二宇宙速度(又称脱离速度)是指火箭完全摆脱地球引力束缚,飞离地球所需要的最小初始速度;第三宇宙速度(又称逃逸速度)是指火箭摆脱太阳引力束缚,飞出太阳系所需的最小初始速度.

火箭是一个复杂的系统,我们把问题简化,在重力作用下的火箭将气体向下喷出而作竖直向上运动,设地球对火箭的引力为 F,s 是火箭距地心的距离,m 为火箭的质量,v 为火箭在时刻 t 相对于某惯性系的速度,g 是重力加速度,R 为地球半径. 要使火箭飞离地球,则火箭的初速 v_0 应至少达到 $\sqrt{2gR}$. 在这里利用微分方程做说明.

(1)建立微分方程

由牛顿第二定律 $F = ma$,其中 $a = \dfrac{\mathrm{d}v}{\mathrm{d}t}$,有

$$F = m\,\frac{\mathrm{d}v}{\mathrm{d}t} = m\,\frac{\mathrm{d}v}{\mathrm{d}s} \cdot \frac{\mathrm{d}s}{\mathrm{d}t} = m\,\frac{\mathrm{d}v}{\mathrm{d}s} \cdot v,$$

即

$$mv\,\frac{\mathrm{d}v}{\mathrm{d}s} = -mg\,\frac{R^2}{s^2},$$

化简,得

$$v\,\frac{\mathrm{d}v}{\mathrm{d}s} = -g\,\frac{R^2}{s^2}.$$

初始条件为 $v|_{s=R} = v_0$.

(2)求通解

$v\,\dfrac{\mathrm{d}v}{\mathrm{d}s} = -g\,\dfrac{R^2}{s^2}$ 是可分离变量的微分方程,分离变量,得

$$v \mathrm{d}v = -g \frac{R^2}{s^2} \mathrm{d}s,$$

两边积分,得

$$\int v \mathrm{d}v = -gR^2 \int \frac{1}{s^2} \mathrm{d}s,$$

$$\frac{v^2}{2} = \frac{gR^2}{s} + C.$$

(3) 求特解

把 $v \mid_{s=R} = v_0$ 代入通解,得

$$C = \frac{1}{2}v_0{}^2 - gR,$$

$$v^2 = \frac{2gR^2}{s} + v_0{}^2 - 2gR.$$

当 $s \gg R$ 时,$\dfrac{2gR^2}{s} \to 0$,

而当 $v_0 \geqslant \sqrt{2gR} \approx 11.2 \mathrm{km/s}$ 时,$v > 0$,火箭会摆脱地球引力,飞离地球.

第七章 空间解析几何

空间解析几何是学习多元函数微积分的基础,是用代数的方法研究空间几何问题的工具. 本章内容是在了解空间直角坐标系的基础上,建立空间图形和数学解析式之间的关系,从而解决相关问题.

§7.1 空间直角坐标系与几种特殊的空间图形

7.1.1 空间直角坐标系

在空间中取定一点 O,过点 O 作三条互相垂直的直线 Ox、Oy、Oz,并按右手螺旋法则规定 Ox、Oy、Oz 的正方向(即将右手伸直,拇指朝上为 Oz 的正方向,其余四指的指向为 Ox 的正方向,四指弯曲 $90°$ 后的指向为 Oy 的正方向). 这样 Ox、Oy、Oz 就构成一空间直角坐标系 $Oxyz$,O 称为坐标原点;三条直线分别称为 x 轴(横轴)、y 轴(纵轴)、z 轴(竖轴),统称为坐标轴;由 x 轴与 y 轴,y 轴与 z 轴,x 轴与 z 轴确定的平面分别称为 xOy 平面,yOz 平面,xOz 平面,统称为坐标平面. 三个坐标平面把空间分成八个部分,每一部分称为一个卦限(见图 7-1-1).

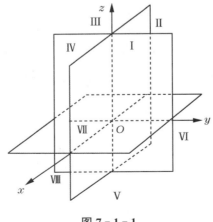

图 7-1-1

　　设 M 为空间中一点．过点 M 作三个平面分别垂直于
x 轴、y 轴、z 轴,它们与 x 轴、y 轴、z 轴的交点依次为 P、
Q、R(见图 $7-1-2$),这三点在 x 轴、y 轴、z 轴上的坐标
依次为 x,y,z.(x,y,z) 就是点 M 的坐标,并依次称 x、y
和 z 为点 M 的横坐标、纵坐标和竖坐标．坐标为 x,y,z
的点 M 通常记为 $M(x,y,z)$.

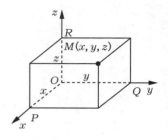

图 $7-1-2$

　　坐标轴和坐标面上的点,其坐标各有一定的特征．在 x
轴、y 轴、z 轴上的点的坐标分别是 $(x,0,0),(0,y,0),(0,0,z)$;在 xOy、yOz、zOx 面上
的坐标分别是 $(x,y,0),(0,y,z),(x,0,z)$;原点的坐标是 $(0,0,0)$.

　　空间中任意两点 $M_1(x_1,y_1,z_1)$ 和 $M_2(x_2,y_2,z_2)$ 之间的距离公式为:

$$d_{M_1M_2}=\sqrt{(x_2-x_1)^2+(y_2-y_1)^2+(z_2-z_1)^2}.$$

　　特殊的,任意点 $M(x,y,z)$ 到坐标原点 $O(0,0,0)$ 的距离有 $d_{OM}=\sqrt{x^2+y^2+z^2}$.

例题 7.1.1　已知两点 $M_1=(2,2,\sqrt{2})$ 和 $M_2=(1,3,0)$,求这两点的距离 $d_{M_1M_2}$.

解:由两点之间的距离公式,有

$$d_{M_1M_2}=\sqrt{(1-2)^2+(3-2)^2+(0-\sqrt{2})^2}=\sqrt{1+1+2}=2.$$

　　在空间直角坐标系下,空间的任意曲面 S 都是点的几何轨迹．如果曲面 S 上任
意一点的坐标都满足方程 $F(x,y,z)=0$,而不在曲面 S 上点的坐标都不满足方程 F
$(x,y,z)=0$,则方程 $F(x,y,z)=0$ 称为曲面 S 的方程,曲面 S 称为方程 $F(x,y,z)$
$=0$ 的图形．由函数的定义可知,这样的三元方程可以理解成一个二元函数,即二元
函数表示为空间曲面．

7.1.2　几种特殊的空间图形方程

1.球面方程

由两点间距离公式可以得到球心为点 $M_0(x_0,y_0,z_0)$,半径为 R 的**球面方程**为:

$$(x-x_0)^2+(y-y_0)^2+(z-z_0)^2=R^2.$$

　　特别地,如图 $7-1-3$ 所示,当球心在原点的球面方程为 $x^2+y^2+z^2=R^2$.

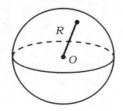

图 $7-1-3$

由球面方程可得展开式：

$$x^2 - 2xx_0 + x_0^2 + y^2 - 2yy_0 + y_0^2 + z^2 - 2zz_0 + z_0^2 = R^2.$$

由此可知，**球面方程的一般表达式为**

$$x^2 + y^2 + z^2 + Ax + By + Cz + D = 0.$$

其特点是 x^2, y^2 和 z^2 系数相同，且不含 xy, yz 和 xz 的项．

例 7.1.2　求球面方程 $x^2 + y^2 + z^2 - 2x + 4y - 6z = 0$ 的球心和半径．

解：经配方可将球面方程化为 $(x-1)^2 + (y+2)^2 + (z-3)^2 = 4^2$，因此，球心为 $(1, -1, 3)$，半径为 $R = 4$．

2. 柱面方程

直线 L 沿定曲线 C 平行移动所形成的曲面称为柱面．定曲线 C 称为柱面的准线，动直线 L 称为柱面的母线（如图 $7-1-4$ 所示）．一般地，准线 C 在 xOy 面上，而母线 L 平行于 z 轴柱面．这种柱面方程的特点是：只含两个变量 x, y，形如 $F(x, y) = 0$（其中准线 C 的方程可表示为平面方程 $F(x, y) = 0$）．类似地，如果柱面方程只含两个变量 x, z，形如 $F(x, z) = 0$ 表示为母线平行于 y 轴，准线在 xOz 平面上；如果柱面方程只含两个变量 y, z，形如 $F(y, z) = 0$ 表示为母线平行于 x 轴，准线在 yOz 平面上．

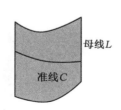

图 7 - 1 - 4

例 7.1.3　方程 $x^2 + y^2 = 2$ 在空间直角坐标系中分别表示怎样的曲面？

解：因为 $x^2 + y^2 = 2$ 中不含 z，由柱面方程的定义可知，母线 L 平行于 z 轴，准线 C 在 xOy 平面上可记为 $x^2 + y^2 = 2$．在空间直角坐标系中，可以看作由平行于 z 轴的直线沿 xOy 平面上的圆 $x^2 + y^2 = 2$ 移动而成的圆柱面（如图 $7-1-5$ 所示）．

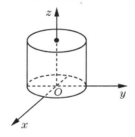

图 7 - 1 - 5

3. 椭球面方程

方程 $\dfrac{x^2}{a^2}+\dfrac{y^2}{b^2}+\dfrac{z^2}{c^2}=1(a>0,b>0,c>0)$ 所表示的曲面称为椭球面. a,b,c 称为椭球面的半轴(如图 7-1-6 所示).

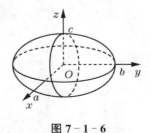

图 7-1-6

4. 双曲面方程

方程 $\dfrac{x^2}{a^2}-\dfrac{y^2}{b^2}-\dfrac{z^2}{c^2}=1$ 所表示的曲面称为双叶双曲面(如图 7-1-7 所示). $\dfrac{x^2}{a^2}+\dfrac{y^2}{b^2}-\dfrac{z^2}{c^2}=1$ 所表示的曲面称为单叶双曲面. 当 $a=b$ 时,方程化为 $\dfrac{x^2+y^2}{a^2}-\dfrac{z^2}{c^2}=1$,此时其图形称为旋转单叶双曲面. 电厂或工厂里的冷却塔常用的外形之一是旋转单叶双曲面,其优点是对流快,散热效能好. 特别需要指出的是,单叶双曲面又称为直纹面(如图 7-1-8 所示). 它的直接工程应用是建造混凝土结构冷却塔时,钢筋可作为建造材料.

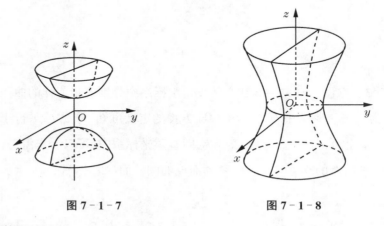

图 7-1-7　　　　　　图 7-1-8

5. 圆锥面方程

方程 $\dfrac{x^2}{a^2}+\dfrac{y^2}{a^2}-\dfrac{z^2}{b^2}=0(a>0,b>0)$ 所表示的锥面称为圆锥面. 图形关于坐标轴、坐标面及原点对称,该曲面也可理解为 xOz 平面上的直线 $\dfrac{x}{a}=\dfrac{z}{b}$ 绕 z 轴旋转而成.

6. 空间曲线方程

设曲面 S_1 的方程是 $F(x,y,z)=0$，曲面 S_2 的方程是 $G(x,y,z)=0$，则这两个空间曲面的交线 C 是一条空间曲线，其方程为 $\begin{cases} F(x,y,z)=0 \\ G(x,y,z)=0 \end{cases}$，它称为空间曲线的一般式方程．它在 xOy 面上的投影曲线方程就是消去曲线方程中的 z，得到的含有两个变量 x 和 y 的方程．

 习题 7.1

1. 填空题．

(1) 两坐标点为 $A(1,-1,2)$，$B(-1,1,1)$，两点距离为_____．

(2) 球面 $2x^2+2y^2+2z^2-z=0$ 的球心为_____，半径为_____．

2. 指出下列方程表示的曲面．

(1) $y=2x^2$；

(2) $x^2+y^2=1$；

(3) $\dfrac{x^2}{4}+\dfrac{y^2}{9}=1$；

(4) $\dfrac{x^2}{4}+\dfrac{y^2}{9}+\dfrac{z^2}{16}=1$.

3. 指出下列方程表示的曲线．

(1) $\begin{cases} 4x^2+9y^2+z^2=37 \\ z=1 \end{cases}$；

(2) $\begin{cases} z=x^2+y^2 \\ y=1 \end{cases}$.

§7.2　向量及其运算

7.2.1　向量的概念

在研究物理学或是其他应用学科时，常会遇见两种不同类型的量：一类是只有大小的量，如长度、面积、体积、质量等，这类量称为数量或标量；另一类不仅有大小而且有方向，如速度、加速度、力、位移等，这类量称为向量或矢量．在数学上，用有向线段来表示向量．有向线段的长度和方向分别表示该向量的大小和方向，向量记为 $\overrightarrow{AB}$，A 称为向量的起点，B 称为向量的终点，有时用黑体字母或带有箭头的字母表示，比如：$\vec{a},\vec{i},\vec{j},\vec{k}$ 或者 $\boldsymbol{a},\boldsymbol{j},\boldsymbol{k},\boldsymbol{v}$ 等．

向量的长度称为向量的模，记作 $|\boldsymbol{a}|$ 或 $|\overrightarrow{AB}|$，模为 1 的向量称为单位向量，模为

0 的向量称为零向量,记作 0 或 $\vec{0}$,零向量的方向可以是任意的.

把大小相等方向相同的向量称为相等向量,记作 $a=b$. 若向量 a,b 长度相等,方向相反,它们互为反向量,用 $a=-b$ 表示;若 a,b 方向相同或者相反,则称 a,b 为平行向量,记为 $a//b$.

7.2.2　向量的线性运算

1. 向量的加法

用从同一起点 A 作有向线段 $\overrightarrow{AB}$、$\overrightarrow{AD}$ 分别表示 a 与 b,然后以 $\overrightarrow{AB}$、$\overrightarrow{AD}$ 为邻边作平行四边形 $ABCD$,则我们把从起点 A 到顶点 C 的向量 $\overrightarrow{AC}$ 称为向量 a 与 b 的和(如图 7-2-1 所示),记作 $a+b$. 这种求和方法称为平行四边形法则.

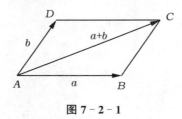

图 7-2-1

若将向量 b 平移,使其起点与向量 a 的终点重合,则以 a 的起点为起点,b 的终点为终点的向量 c 就是 a 与 b 的和(如图 7-2-2 所示),该法则称为**三角形法则**.

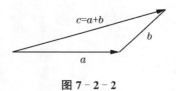

图 7-2-2

2. 向量的减法

规定 $a-b=a+(-b)$,特别地,当 $b=a$ 时,有 $a+(-a)=\mathbf{0}$.

3. 向量的数乘

实数 λ 与向量 a 的乘积是一个向量,记作 λa,λa 的模是 $|\lambda||a|$,方向是:当 $\lambda>0$ 时,λa 与 a 同向;当 $\lambda<0$ 时,λa 与 a 反向;当 $\lambda=0$ 时,$\lambda a=\mathbf{0}$.

由向量的数乘法运算,可有以下结论:向量 a 与非零向量 b 平行的充要条件是存在唯一的数 λ,使 $a=\lambda b$. 特别地,记 $\vec{e}_a=\dfrac{a}{|a|}$ 为 $\vec{a}$ 的单位向量.

7.2.3 向量的数量积和向量积

1. 向量的坐标表示

取空间直角坐标系 $Oxyz$,在 x 轴、y 轴、z 轴上各取一个与坐标轴同向的单位向量,依次记作 i,j,k,它们称为**坐标向量**. 事实上,对自由向量记为 $a=\overrightarrow{OM}$,过 O、M 作坐标轴的投影(如图 7 - 2 - 3 所示). 从而有

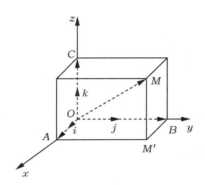

图 7 - 2 - 3

$$a=\overrightarrow{OM}=\overrightarrow{OA}+\overrightarrow{AM'}+\overrightarrow{M'M}=\overrightarrow{OA}+\overrightarrow{OB}+\overrightarrow{OC}.$$

从图形可知,有 $\overrightarrow{OA}=x i$,$\overrightarrow{OB}=y j$,$\overrightarrow{OC}=z k$,任意向量 a 都可以唯一地表示为 i,j,k 数乘之和:$a=x i+y j+z k$,简记为 $a=(x,y,z)$,模为 $|a|=\sqrt{x^2+y^2+z^2}$,$\vec{a}=\{a_x,a_y,a_z\}=\{|\vec{a}|\cdot\cos\alpha,|\vec{a}|\cdot\cos\beta,|\vec{a}|\cdot\cos\gamma\}$,其中的 α,β,γ 称为向量 $\vec{\alpha}$ 的方向角.

例 7.2.1 已知两点 $A(4,1,5)$ 和 $B(7,-1,3)$,求与 $\overrightarrow{AB}$ 同方向的单位向量 $\vec{e}$.

解: 因为 $\overrightarrow{AB}=(7-4,-1-1,3-5)=(3,-2,-2)$,

所以 $|\overrightarrow{AB}|=\sqrt{3^2+(-2)^2+(-2)^2}=\sqrt{17}$,

单位向量 $\vec{e}=\left\{\dfrac{3}{\sqrt{17}},\dfrac{-2}{\sqrt{17}},\dfrac{-2}{\sqrt{17}}\right\}$.

2. 向量的数量积

定义 7.2.1 设 a,b 为空间中的两个向量,则数 $a\cdot b=|a||b|\cos\langle a,b\rangle$ 称为向量 a 与 b 的数量积(也称内积或点积),记作 $a\cdot b$,读作"a 点乘 b". 其中 $\langle a,b\rangle$ 表示向量 a 与 b 的夹角,并且规定 $0\leqslant\langle a,b\rangle\leqslant\pi$. 两向量的数量积是一个数而不是向量,特别地,当两向量中一个为零向量时,就有 $a\cdot b=0$.

由向量数量积的定义,有以下结论成立:

(1)$a\cdot a=|a|^2$,因此 $|a|=\sqrt{a\cdot a}$;

（2）对于两个非零向量 a，b，a 与 b 垂直的充要条件是它们的数量积为零，即

$$a \perp b \Leftrightarrow a \cdot b = 0;$$

（3）设 $a = a_1 i + a_2 j + a_3 k$，$b = b_1 i + b_2 j + b_3 k$，则 $a \cdot b = a_1 b_2 + a_2 b_2 + a_3 b_3$.

例 7.2.2　在空间直角坐标系中，设三点 $A(5, -4, 1)$，$B(3, 2, 1)$，$C(2, -5, 0)$.
证明 ΔABC 是直角三角形.

证明：由题意可知 $\overrightarrow{AB} = \{-2, 6, 0\}$，$\overrightarrow{AC} = \{-3, -1, -1\}$，
则

$$\overrightarrow{AB} \cdot \overrightarrow{AC} = (-2) \times (-3) + 6 \times (-1) + 0 \times (-1) = 0.$$

所以 $\overrightarrow{AB} \perp \overrightarrow{AC}$，即 ΔABC 是直角三角形.

3. 向量的向量积

定义 7.2.2　设 a，b 为空间中的两个向量，若由 a，b 所决定的向量 c，其模为

$$|c| = |a| |b| \sin\langle a, b \rangle.$$

其方向与 a，b 均垂直且 a，b，c 成右手系（如图 7-2-4 所示），则向量 c 叫做向量 a 与 b 的向量积（也称外积或叉积），记作 $a \times b$，读作"a 叉乘 b".

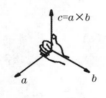

图 7-2-4

若把 a，b 的起点放在一起，并以 a，b 为邻边作平行四边形，则向量 a 与 b 向量积的模 $|a \times b| = |a| |b| \sin(a, b)$ 即为该平行四边形的面积（如图 7-2-5 所示）.

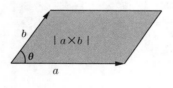

图 7-2-5

由向量积的定义，有以下结论成立：

（1）$a \times a = \mathbf{0}$，这是因为夹角 $\theta = 0$，所以 $|a \times a| = \mathbf{0}$.

（2）对两个非零向量 a 与 b，a 与 b 平行（即平行）的充要条件是它们的向量积为零向量. 即有：$a // b \Leftrightarrow a \times b = 0$；

（3）设 $a = a_1 i + a_2 j + a_3 k$，$b = b_1 i + b_2 j + b_3 k$，有

$$a \times b = (a_2 b_3 - a_3 b_2)i + (a_3 b_1 - a_1 b_3)j + (a_1 b_2 - a_2 b_1)k.$$

为了便于记忆,可将 $a \times b$ 表示成一个三阶行列式,计算时,化为二阶行列式利用对角线相乘再相减,即

$$a \times b = \begin{vmatrix} i & j & k \\ a_1 & a_2 & a_3 \\ b_1 & b_2 & b_3 \end{vmatrix} = \begin{vmatrix} a_2 & a_3 \\ b_2 & b_3 \end{vmatrix} i - \begin{vmatrix} a_1 & a_3 \\ b_1 & b_3 \end{vmatrix} j + \begin{vmatrix} a_1 & a_2 \\ b_1 & b_2 \end{vmatrix} k.$$

例 7.2.3　设 $a = \{1, -2, 3\}, b = \{0, 1, -2\}$,求 $c = a \times b$.

解:由定义 $c = a \times b = \begin{vmatrix} i & j & k \\ 1 & -2 & 3 \\ 0 & 1 & -2 \end{vmatrix} = \begin{vmatrix} -2 & 3 \\ 1 & -2 \end{vmatrix} i - \begin{vmatrix} 1 & 3 \\ 0 & -2 \end{vmatrix} j + \begin{vmatrix} 1 & -2 \\ 0 & 1 \end{vmatrix} k$

$= i + 2j + k$,则 $c = \{1, 2, 1\}$, c 的方向垂直于 a, b.

习题 7.2

1. 填空题

(1)已知点 $A(2, -1, 1)$,则点 A 与 z 轴的距离是_____,点 A 与 y 轴的距离是_____,点 A 与 x 轴的距离是_____;

(2)如果向量 $a = (2, -1, 4)$ 与 $b = (1, k, 2)$ 垂直,则 $k = $_____,如果两向量平行,则 $k = $_____.

2. 已知三点 $A = (4, \sqrt{2}, 1), B = (3, 0, 2)$,求 $\overrightarrow{AB}$ 的坐标、模、方向余弦和方向角.

3. 已知 $a = (2, 3, 1), b = (1, 2, -1)$,求 $a \times b$.

4. 求以点 $A(1, 2, 3), B(0, 0, 1), C(3, 1, 0)$ 为顶点的三角形的面积.

§7.3　平面与直线方程

7.3.1　平面及其方程

1. 平面的点法式方程

如果一个非零向量 n 垂直于平面 π,则称 n 为平面 π 的法线向量,简称为法向量.设平面 π 的法向量为 $n = \{A, B, C\}$,而平面经过点 $M_0(x_0, y_0, z_0)$,现推导平面 π 的方程.

设 $M(x,y,z)$ 为平面 π 上的任一点,由于 $n\perp\pi$,因此 $n\perp\overrightarrow{M_0M}$. 由两向量垂直的充要条件,得 $n\cdot\overrightarrow{M_0M}=0$,而 $\overrightarrow{M_0M}=\{x-x_0,y-y_0,z-z_0\}$,$n=\{A,B,C\}$,所以可得

$$A(x-x_0)+B(y-y_0)+C(z-z_0)=0. \tag{7.3.1}$$

由于方程式(7.3.1)是给定点 $M_0(x_0,y_0,z_0)$ 和法向量 $n=\{A,B,C\}$ 所确定的,称之为**平面 π 的点法式方程**.

例 7.3.1 求过点 $(1,-2,0)$ 且与向量 $a=\{-1,3,-2\}$ 垂直的平面方程.

解: 根据平面的法向量的概念,向量 $a=\{-1,3,-2\}$ 是所求平面的一个法向量,所以由式(7.3.1)得所求平面的方程为:

$$-(x-1)+3(y+2)-2(z-0)=0,$$

即 $x-3y+2x=0$.

例 7.3.2 求过三点 $M_1(1,-1,-2)$,$M_2(-1,2,0)$,$M_3(1,3,1)$ 的平面方程.

解: 所求平面 π 的法向量必定同时垂直于 $\overrightarrow{M_1M_2}$ 与 $\overrightarrow{M_1M_3}$,向量积 $\overrightarrow{M_1M_2}\times\overrightarrow{M_1M_3}$ 为该平面的一个法向量 n,即 $n=\overrightarrow{M_1M_2}\times\overrightarrow{M_1M_3}$,又有 $\overrightarrow{M_1M_2}=\{-2,3,2\}$,$\overrightarrow{M_1M_3}=\{0,4,3\}$,则平面的法向量为

$$n=\overrightarrow{M_1M_2}\times\overrightarrow{M_1M_3}\begin{vmatrix} i & j & k \\ -2 & 3 & 2 \\ 0 & 4 & 3 \end{vmatrix}=\begin{vmatrix} 3 & 2 \\ 4 & 3 \end{vmatrix}i-\begin{vmatrix} -2 & 2 \\ 0 & 3 \end{vmatrix}j+\begin{vmatrix} -2 & 3 \\ 0 & 4 \end{vmatrix}k=i+6j-8k,$$

所以,所求的平面方程为 $(x-1)+6(y+1)-8(z+2)=0$,即 $x+6y-8z-11=0$.

2. 平面的一般方程

过点 $M_0(x_0,y_0,z_0)$,且以 $n=\{A,B,C\}$ 为法向量的点法式平面方程为:

$$A(x-x_0)+B(y-y_0)+C(z-z_0)=0,$$

记做

$$Ax+By+Cz+D=0 \tag{7.3.2}$$

方程式(7.3.2)为**平面的一般式方程**. 总之,在空间直角坐标系下,平面方程为三元一次方程,并且任何一个三元一次方程都表示空间一个平面.

例 7.3.3 求过 x 轴和点 $M(2,-4,1)$ 的平面方程.

解: 因为平面过 x 轴,故原点 O 在平面上,代入式(7.3.2),平面方程记为 $By+Cz=0$. 又因为点 $M(2,-4,1)$ 在平面上,于是有 $-4B+C=0$,解出 $C=4B$,代入方程 $By+Cz=0$ 中,得 $B(y+4z)=0$,而 $B\neq0$,因此所求的平面方程为 $y+4z=0$.

例 7.3.4 设一平面与 x,y,z 轴的交点依次为 $P(a,0,0)$,$Q(0,b,0)$,$R(0,0,c)$,$(abc\neq0)$,求它的方程.

解:把点 P,Q,R 的坐标代入平面的一般方程,得
$$\begin{cases} Aa+D=0 \\ Bb+D=0 \\ Cc+D=0 \end{cases}$$

解方程组,得 $A=-\dfrac{D}{a}$, $B=-\dfrac{D}{b}$, $C=-\dfrac{D}{c}$.

由于平面不过原点,故 $D\neq0$,方程两边同除以 D,得所求平面方程为 $\dfrac{x}{a}+\dfrac{y}{b}+\dfrac{z}{c}=1$,该式称为平面的**截距方程**,平面与三条坐标轴的交点的坐标 a,b,c 称为平面在坐标轴上的截距.

3. 两平面间的关系

设两个平面方程分别为 $\pi_1:A_1x+B_1y+C_1z+D_1=0$, $\pi_2:A_2x+B_2y+C_2z+D_2=0$,空间两个平面之间的位置关系有平行、重合和相交三种,即

(1)两平面平行 $\Leftrightarrow \boldsymbol{n}_1 // \boldsymbol{n}_2 \Leftrightarrow \dfrac{A_1}{A_2}=\dfrac{B_1}{B_2}=\dfrac{C_1}{C_2}\neq\dfrac{D_1}{D_2}$;

(2)两平面重合 $\Leftrightarrow \dfrac{A_1}{A_2}=\dfrac{B_1}{B_2}=\dfrac{C_1}{C_2}=\dfrac{D_1}{D_2}$;

(3) 两平面相交 $\Leftrightarrow A_1,B_1,C_1$ 与 A_2,B_2,C_2 不成比例.

同时把**两平面的夹角** θ 定义为其法向量的夹角 $\langle\boldsymbol{n}_1,\boldsymbol{n}_2\rangle$,且规定 $0\leqslant\theta\leqslant\dfrac{\pi}{2}$,即

$$\cos\theta=|\cos\langle\boldsymbol{n}_1,\boldsymbol{n}_2\rangle|=\dfrac{|\boldsymbol{n}_1\cdot\boldsymbol{n}_2|}{|\boldsymbol{n}_1||\boldsymbol{n}_2|}$$

$$=\dfrac{|A_1A_2+B_1B_2+C_1C_2|}{\sqrt{A_1{}^2+B_1{}^2+C_1{}^2}\cdot\sqrt{A_2{}^2+B_2{}^2+C_2{}^2}}.$$

特别地,当 $\pi_1\perp\pi_2$ 时,$\boldsymbol{n}_1\perp\boldsymbol{n}_2$,则 $\boldsymbol{n}_1\cdot\boldsymbol{n}_2=0$,即

$$A_1A_2+B_1B_2+C_1C_2=0.$$

反之亦然,所以

$$\pi_1\perp\pi_2\Leftrightarrow A_1A_2+B_1B_2+C_1C_2=0.$$

例 7.3.5 求两平面 $x-2y+z-3=0$ 和 $2x-y+z-4=0$ 的夹角.

解:由公式有

$$\cos\theta=\dfrac{|1\times2+(-2)\times(-1)+1\times1|}{\sqrt{1^2+(-2)^2+1^2}\ \sqrt{2^2+(-1)^2+1^2}}=\dfrac{5}{6}.$$

因此,所求夹角 $\theta=\arccos\dfrac{5}{6}$.

4. 点到平面的距离

如图 $7-3-1$,在空间直角坐标系中,设点 $P_0(x_0,y_0,z_0)$,平面 $\pi:Ax+By+Cz$

$+D=0(A,B,C$ 不全为零),可以证明点 P_0 到平面 π 的距离为

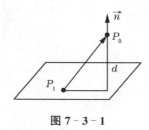

图 7-3-1

$$d=|Prj_{\vec{n}}\overrightarrow{P_1P_0}|=\frac{|\overrightarrow{P_1P_0}\cdot\vec{n}|}{|\vec{n}|}$$

$$=\frac{|Ax_0+By_0+Cz_0+D|}{\sqrt{A^2+B^2+C^2}}.$$

例 7.3.6 求点 $P\left(2,0,-\dfrac{1}{2}\right)$ 到平面 $\pi:4x-4y+2z+17=0$ 的距离.

解: 由点到平面的距离公式,得

$$d=\frac{\left|2\times4+0\times(-4)+\left(-\dfrac{1}{2}\right)\times2+17\right|}{\sqrt{4^2+(-4)^2+2^2}}=\frac{24}{6}=4.$$

7.3.2 直线及其方程

1. 直线的对称式方程

如果一个非零向量 s 与直线 l 平行,则称向量 s 是直线 l 的一个**方向向量**. 在空间直角坐标系中,若 $M_0(x_0,y_0,z_0)$ 是直线 l 上的一个点,$s=\{m,n,p\}$ 为 l 的一个方向向量,设 $M(x,y,z)$ 为直线 l 上的任一点,则 $\overrightarrow{M_0M}/\!/s$,所以两向量对应坐标成比例.因此有

$$\frac{x-x_0}{m}=\frac{y-y_0}{n}=\frac{z-z_0}{p} \tag{7.3.3}$$

其中,(x_0,y_0,z_0) 是直线 l 上已知点,$\{m,n,p\}$ 是 l 的方向向量,因此,式(7.3.3)称为直线 l 的**对称式方程**或**点向式方程**.

注意:因为 $s\neq0$,所以 m,n,p 不全为零;但当有一个为零时,如 $m=0$ 时,式(7.3.3)应理解为 $\begin{cases}x-x_0=0\\\dfrac{y-y_0}{n}=\dfrac{z-z_0}{p}\end{cases}$;当有两个为零时,如 $m=n=0$,式(7.3.3)应理解为 $\begin{cases}x-x_0=0\\y-y_0=0\end{cases}$.上述两条直线都为两个平面相交而构成的.

例 7.3.7 求过点 $A(1,0,1)$ 和 $B(-2,1,1)$ 的直线方程.

解: 向量 $\overrightarrow{AB}=(-3,1,0)$ 是所求直线的一个方向向量,因此所求直线方程为 $\dfrac{x-1}{-3}=\dfrac{1}{y}=\dfrac{z-1}{0}$,

即 $\begin{cases} z=1 \\ x+3y-1=0 \end{cases}$.

由直线的点向式方程很容易导出直线的参数方程. 如设 $\dfrac{x-x_0}{m}=\dfrac{y-y_0}{n}=\dfrac{z-z_0}{p}=t$,那么 $\begin{cases} x=x_0+mt \\ y=y_0+nt \\ z=z_0+pt \end{cases}$,方程组就是直线的**参数方程**.

2. 直线的一般式方程

空间直线也可看作两平面的交线,所以可用这两个平面方程的联立方程组来表示直线方程,即

$$\begin{cases} A_1x+B_1y+C_1z+D_1=0 \\ A_2x+B_2y+C_2z+D_2=0 \end{cases}. \tag{7.3.4}$$

由于两平面相交,故式(7.3.4)中的 A_1,B_1,C_1 与 A_2,B_2,C_2 不成比例,那么式(7.3.4)是直线 L 的一般式方程.

例 7.3.8 写出直线 $L:\begin{cases} x-2y+3z-3=0 \\ 3x+y-2z+5=0 \end{cases}$ 的对称式方程.

解: 先在直线 $L:\begin{cases} x-2y+3z-3=0 \\ 3x+y-2z+5=0 \end{cases}$ 上选取一点,令 $z=0$,得

$$\begin{cases} x-2y=3 \\ 3x+y=5 \end{cases},$$

解得 $x=-1,y=-2$,即点 $M_0(-1,-2,0)$ 为直线 L 上的一个点.

直线 L 的方向向量 $\boldsymbol{s}\perp\boldsymbol{n}_1\times\boldsymbol{n}_2$,有

$$s=\{1,-2,3\}\times\{3,1,-2\}=\begin{vmatrix} \boldsymbol{i} & \boldsymbol{j} & \boldsymbol{k} \\ 1 & -2 & 3 \\ 3 & 1 & -2 \end{vmatrix}=i+11j+7k.$$

则直线 L 的点向式方程为 $\dfrac{x+1}{1}=\dfrac{y+2}{11}=\dfrac{z-0}{7}$.

注意:点到直线的距离公式,可以利用两个向量垂直的公式进行推导.

7.3.3 平面与直线的夹角

直线与它在平面上的投影线间的夹角 $\varphi(0\leqslant\varphi\leqslant\frac{\pi}{2})$，称为直线与平面的夹角（如图 7-3-2 所示）．设直线 L 的方向向量为 s，平面 π 的法向量为 n，向量 s 与 n 间的夹角为 θ，则 $\varphi=\frac{\pi}{2}-\theta$（或 $\varphi=\theta-\frac{\pi}{2}$），所以

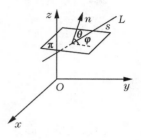

图 7-3-2

$$\sin\varphi=|\cos\theta|=\frac{|s\cdot n|}{|s||n|}.$$

例 7.3.9 讨论直线 $L:\frac{x}{2}=\frac{y-5}{5}=\frac{z-6}{3}$ 和平面 $\pi:15x-9y+5z=12$ 的位置关系．

解：由于直线 L 的方向向量 $s=\{2,5,3\}$，平面 π 的法向量 $n=\{15,-9,5\}$，所以，直线 L 与平面 π 的夹角 φ 的正弦

$$\sin\varphi=\frac{|s\cdot n|}{|s||n|}=\frac{2\times15+5\times(-9)+3\times5}{\sqrt{2^2+5^2+3^2}\ \sqrt{15^2+9^2+5^2}}$$

$$=\frac{30-45+15}{\sqrt{2^2+5^2+3^2}\ \sqrt{15^2+9^2+5^2}}=0.$$

所以 $\varphi=0$，即直线 L 与平面 π 平行或直线 L 在平面 π 内．容易验证直线 L 上的点 $(0,2,6)$ 在平面 π 上．所以直线 L 在平面 π 上．

 习题 7.3

1.填空题

(1)过原点，且与直线 $\frac{x+1}{-3}=\frac{y}{2}=\frac{z}{1}$ 垂直的平面方程为 _____；

(2)平面 $x+ky+z+1=0$ 与直线 $\frac{x}{2}=\frac{y}{-1}=\frac{z}{1}$ 平行，则 $k=$ _____ ．

2.求平面方程．

(1)过三点 $A(1,0,0),B(0,1,0),C(0,0,1)$；

(2)与 yOz 面平行，且过 x 轴上的点 $(1,0,0)$；

(3)过点 $M(2,0,-1)$，且平行于向量 $a=(2,1,-1)$ 及 $b=(3,0,4)$ 的平面方程．

3.设平面 $Ax-2y-z+1$ 与平面 $3x+By+2z-9=0$ 平行，试求 A 和 B 的值．

4. 求下列直线方程.

(1)过点 $A(1,2,3)$，$B(3,0,4)$；

(2)过点 $A(1,2,-3)$ 且垂直于平面 $3x-y=1$.

5. 求直线 $\begin{cases} x+y+3z=0 \\ x-y-z=0 \end{cases}$ 与平面 $x-y-z+1=0$ 的夹角.

6. 求点 $M(1,2,1)$ 到平面 $x+2y+2z-10=0$ 的距离.

7. 用点向式方程表示直线 $\begin{cases} x+2y-z-6=0 \\ 2x-y+z-1=0 \end{cases}$.

 拓展阅读

旋转抛物面的应用

一、应用机理

旋转抛物面可将平行于主光轴(对称轴)的光线汇聚于其焦点处；反之，也可将放置在焦点处的光源产生的光线反射成平行光束并使光度增大.

二、实例

1. 聚光太阳能灶

当太阳光线照射在呈旋转抛物面形状的聚光太阳能灶面时，太阳的辐射能被聚集在一块小面积的灶具上，在阳光相对充足的天气，灶具内部温度可达到 280 度以上.

2. 探照灯、汽车车灯的反射镜.

3. 天文望远镜的反射镜.

天文望远镜的反射镜能将来自宇宙的光线聚集在其焦点上，用放大镜瞄准此焦点即可得到宇宙的信息.

4. 卫星天线

在实际应用中,卫星天线普遍采用旋转抛物面天线. 这种天线在频率很高的信号的接收和发射方面扮演着重要角色.

第八章　无穷级数

无穷级数是数与函数的一种重要表达形式,也是微积分理论研究与实际应用中极有力的工具. 无穷级数在表达函数、研究函数的性质、计算函数值以及求解微分方程等方面都有着重要的应用. 研究级数及其和,可以说是研究数列及其极限的另一种形式,但无论是在研究极限的存在性还是在计算这种极限的时候,这种形式都显示出很大的优越性. 本章先讨论数项级数,介绍无穷级数的一些基本内容,然后讨论函数项级数,并着重讨论如何将函数展开成幂级数的问题.

§8.1　常数项级数的概念与性质

8.1.1　常数项级数的概念

给定一个数列 $u_1,u_2,u_3,\cdots,u_n,\cdots$ 则由这数列构成的表达式 $u_1+u_2+u_3+\cdots+u_n+\cdots$ 称为(常数项) **无穷级数**,简称(常数项) **级数**,记为 $\sum\limits_{n=1}^{\infty}u_n$,即

$$\sum_{n=1}^{\infty}u_n=u_1+u_2+u_3+\cdots+u_n+\cdots$$

其中,第 n 项 u_n 叫做级数的**一般项**.

作级数 $\sum\limits_{n=1}^{\infty}u_n$ 的前 n 项和

$$s_n=\sum_{i=1}^{n}u_i=u_1+u_2+u_3+\cdots+u_n$$

称为级数 $\sum\limits_{n=1}^{\infty}u_n$ 的**部分和**. 当 n 依次取 $1,2,3\cdots$ 时,它们构成一个新的数列

$$s_1=u_1,s_2=u_1+u_2,s_3=u_1+u_2+u_3,\cdots,$$
$$s_n=u_1+u_2+\cdots+u_n,\cdots$$

根据这个数列有没有极限,我们引进无穷级数的收敛与发散的概念.

定义 8.1.1   如果级数 $\sum\limits_{n=1}^{\infty} u_n$ 的部分和数列 $\{s_n\}$ 有极限 s,即 $\lim\limits_{n \to \infty} s_n = s$,则称无穷级数 $\sum\limits_{n=1}^{\infty} u_n$ 收敛,这时极限 s 称为这级数的和,并写成

$$s = \sum_{n=1}^{\infty} u_n = u_1 + u_2 + u_3 + \cdots + u_n + \cdots$$

如果 $\{s_n\}$ 没有极限,则称无穷级数 $\sum\limits_{n=1}^{\infty} u_n$ 发散.

当级数 $\sum\limits_{n=1}^{\infty} u_n$ 收敛时,其部分和 s_n 是级数 $\sum\limits_{n=1}^{\infty} u_n$ 的和 s 的近似值,它们之间的差值为

$$r_n = s - s_n = u_{n+1} + u_{n+2} + \cdots$$

称作级数 $\sum\limits_{n=1}^{\infty} u_n$ 的**余项**.

例 8.1.1   讨论等比级数(几何级数) $\sum\limits_{n=0}^{\infty} aq^n (a \neq 0)$ 的敛散性.

解:如果 $q \neq 1$,则部分和

$$s_n = a + aq + aq^2 + \cdots + aq^{n-1} = \frac{a - aq^n}{1-q} = \frac{a}{1-q} - \frac{aq^n}{1-q}.$$

当 $|q| < 1$ 时,因为 $\lim\limits_{n \to \infty} s_n = \frac{a}{1-q}$,所以此时级数 $\sum\limits_{n=0}^{\infty} aq^n$ 收敛,其和为 $\frac{a}{1-q}$.

当 $|q| > 1$ 时,因为 $\lim\limits_{n \to \infty} s_n = \infty$,所以此时级数 $\sum\limits_{n=0}^{\infty} aq^n$ 发散.

如果 $|q| = 1$,则当 $q = 1$ 时,$s_n = na \to \infty$,因此级数 $\sum\limits_{n=0}^{\infty} aq^n$ 发散;

当 $q = -1$ 时,级数 $\sum\limits_{n=0}^{\infty} aq^n$ 成为 $a - a + a - a + \cdots$,因为 s_n 随着 n 为奇数或偶数而等于 a 或零,所以 s_n 的极限不存在,从而这时级数 $\sum\limits_{n=0}^{\infty} aq^n$ 发散.

综上所述,如果 $|q| < 1$,级数 $\sum\limits_{n=0}^{\infty} aq^n$ 收敛,其和为 $\frac{a}{1-q}$;如果 $|q| \geqslant 1$,则级数 $\sum\limits_{n=0}^{\infty} aq^n$ 发散.

例 8.1.2   证明级数 $1 + 2 + 3 + \cdots + n + \cdots$ 是发散的.

证明:此级数的部分和为

$$s_n = 1 + 2 + 3 + \cdots + n = \frac{n(n+1)}{2}.$$

显然，$\lim\limits_{n\to\infty}s_n=\infty$，因此所给级数是发散的.

例 8.1.3 判别无穷级数 $\dfrac{1}{1\cdot 2}+\dfrac{1}{2\cdot 3}+\dfrac{1}{3\cdot 4}+\cdots+\dfrac{1}{n(n+1)}+\cdots$ 的收敛性.

解: 由于

$$u_n=\frac{1}{n(n+1)}=\frac{1}{n}-\frac{1}{n+1},$$

因此

$$s_n=\frac{1}{1\cdot 2}+\frac{1}{2\cdot 3}+\frac{1}{3\cdot 4}+\cdots+\frac{1}{n(n+1)}$$

$$=\left(1-\frac{1}{2}\right)+\left(\frac{1}{2}-\frac{1}{3}\right)+\cdots+\left(\frac{1}{n}-\frac{1}{n+1}\right)=1-\frac{1}{n+1},$$

从而

$$\lim_{n\to\infty}s_n=\lim_{n\to\infty}\left(1-\frac{1}{n+1}\right)=1.$$

所以这级数收敛，它的和是 1.

8.1.2 收敛级数的基本性质

性质 8.1.1 如果级数 $\sum\limits_{n=1}^{\infty}u_n$ 收敛于和 s，则它的各项同乘以一个常数 k 所得的级数 $\sum\limits_{n=1}^{\infty}ku_n$ 也收敛，且其和为 ks.

证明: 设 $\sum\limits_{n=1}^{\infty}u_n$ 与 $\sum\limits_{n=1}^{\infty}ku_n$ 的部分和分别为 s_n 与 σ_n，则

$$\lim_{n\to\infty}\sigma_n=\lim_{n\to\infty}(ku_1+ku_2+\cdots+ku_n)=k\lim_{n\to\infty}(u_1+u_2+\cdots+u_n)=k\lim_{n\to\infty}s_n=ks.$$

这表明级数 $\sum\limits_{n=1}^{\infty}ku_n$ 收敛，且和为 ks.

性质 8.1.2 如果级数 $\sum\limits_{n=1}^{\infty}u_n$ 与 $\sum\limits_{n=1}^{\infty}v_n$ 分别收敛于和 s 与 σ，则级数 $\sum\limits_{n=1}^{\infty}(u_n\pm v_n)$ 也收敛，且其和为 $s\pm\sigma$.

证明: 如果 $\sum\limits_{n=1}^{\infty}u_n,\sum\limits_{n=1}^{\infty}v_n,\sum\limits_{n=1}^{\infty}(u_n\pm v_n)$ 的部分和分别为 s_n,σ_n,τ_n，则

$$\lim_{n\to\infty}\tau_n=\lim_{n\to\infty}\left[(u_1\pm v_1)+(u_2\pm v_2)+\cdots+(u_n\pm v_n)\right]$$

$$=\lim_{n\to\infty}\left[(u_1+u_2+\cdots+u_n)\pm(v_1+v_2+\cdots+v_n)\right]$$

$$=\lim_{n\to\infty}(s_n\pm\sigma_n)=s\pm\sigma.$$

性质 8.1.3 在级数中去掉、加上或改变有限项，不会改变级数的收敛性.

例如,级数 $\dfrac{1}{1 \cdot 2} + \dfrac{1}{2 \cdot 3} + \dfrac{1}{3 \cdot 4} + \cdots + \dfrac{1}{n(n+1)} + \cdots$ 是收敛的;

级数 $10\ 000 + \dfrac{1}{1 \cdot 2} + \dfrac{1}{2 \cdot 3} + \dfrac{1}{3 \cdot 4} + \cdots + \dfrac{1}{n(n+1)} + \cdots$ 也是收敛的;

级数 $\dfrac{1}{3 \cdot 4} + \dfrac{1}{4 \cdot 5} + \cdots + \dfrac{1}{n(n+1)} + \cdots$ 也是收敛的.

性质 8.1.4   如果级数 $\displaystyle\sum_{n=1}^{\infty} u_n$ 收敛,则对这级数的项任意加括号后所成的级数仍收敛,且其和不变.

应注意:如果加括号后所成的级数收敛,则不能断定去括号后原来的级数也收敛. 例如,级数 $(1-1)+(1-1)+\cdots$ 收敛于零,但级数 $1-1+1-1+\cdots$ 却是发散的.

推论   如果加括号后所成的级数发散,则原来级数也发散.

性质 8.1.5(级数收敛的必要条件)   如果 $\displaystyle\sum_{n=1}^{\infty} u_n$ 收敛,则它的一般项 u_n 趋于零,即 $\lim\limits_{n \to 0} u_n = 0$.

证明:设级数 $\displaystyle\sum_{n=1}^{\infty} u_n$ 的部分和为 s_n,且 $\lim\limits_{n \to \infty} s_n = s$,则

$$\lim_{n \to 0} u_n = \lim_{n \to \infty}(s_n - s_{n-1}) = \lim_{n \to \infty} s_n - \lim_{n \to \infty} s_{n-1} = s - s = 0.$$

注意:级数的一般项趋于零并不是级数收敛的充分条件.

例 8.1.4   证明调和级数 $\displaystyle\sum_{n=1}^{\infty} \dfrac{1}{n} = 1 + \dfrac{1}{2} + \dfrac{1}{3} + \cdots + \dfrac{1}{n} + \cdots$ 是发散的.

证明:假若级数 $\displaystyle\sum_{n=1}^{\infty} \dfrac{1}{n}$ 收敛且其和为 s,s_n 是它的部分和.

显然有 $\lim\limits_{n \to \infty} s_n = s$ 及 $\lim\limits_{n \to \infty} s_{2n} = s$,于是 $\lim\limits_{n \to \infty}(s_{2n} - s_n) = 0$.

但另一方面,

$$s_{2n} - s_n = \dfrac{1}{n+1} + \dfrac{1}{n+2} + \cdots + \dfrac{1}{2n} > \dfrac{1}{2n} + \dfrac{1}{2n} + \cdots + \dfrac{1}{2n} = \dfrac{1}{2},$$

故 $\lim\limits_{n \to \infty}(s_{2n} - s_n) \neq 0$,矛盾. 这说明级数 $\displaystyle\sum_{n=1}^{\infty} \dfrac{1}{n}$ 必定发散.

 习题 8.1

1. 写出下列级数的前四项.

(1) $\displaystyle\sum_{n=1}^{\infty} \dfrac{n!}{n^n}$;

(2) $\displaystyle\sum_{n=1}^{\infty} (-1)^n \left[1 - \dfrac{(n-1)^2}{n+1} \right]$.

2. 写出下列级数的一般项(通项).

(1) $-1+\dfrac{1}{2}-\dfrac{1}{4}+\dfrac{1}{8}-\cdots$;

(2) $\dfrac{a^2}{3}-\dfrac{a^3}{5}+\dfrac{a^4}{7}-\dfrac{a^5}{9}+\cdots$;

(3) $1+\dfrac{1}{3}+\dfrac{1}{5}+\dfrac{1}{7}+\cdots$.

3. 根据级数收敛性的定义,判断下列级数的敛散性.

(1) $\displaystyle\sum_{n=1}^{\infty}\ln\left(1+\dfrac{1}{n}\right)$;

(2) $\displaystyle\sum_{n=1}^{\infty}(\sqrt{n+1}-\sqrt{n})$.

4. 判断下列级数的敛散性.

(1) $\displaystyle\sum_{n=1}^{\infty}\dfrac{1}{2n-1}$;

(2) $\displaystyle\sum_{n=1}^{\infty}\dfrac{n}{2n+1}$.

§8.2 常数项级数的收敛法则

8.2.1 正项级数及其收敛法则

定义 8.2.1 各项都是正数或零的级数称为**正项级数**.

设级数

$$u_1+u_2+u_3+\cdots+u_n+\cdots \tag{7.2.1}$$

是一个正项级数,它的部分和为 s_n. 显然,数列 $\{s_n\}$ 是一个单调增加数列,即

$$s_1\leqslant s_2\leqslant\cdots\leqslant s_n\leqslant\cdots$$

如果数列 $\{s_n\}$ 有界,即 s_n 总不大于某一常数 M,根据单调有界的数列必有极限的准则,级数式(7.2.1)必收敛于和 s,且 $s_n\leqslant s\leqslant M$;反之,如果正项级数式(7.2.1)收敛于和 s,根据有极限的数列是有界数列的性质可知,数列 $\{s_n\}$ 有界. 因此,有如下重要结论:

定理 8.2.1 正项级数 $\displaystyle\sum_{n=1}^{\infty}u_n$ 收敛的充分必要条件是它的部分和数列 $\{s_n\}$ 有界.

定理 8.2.2(比较审敛法) 设 $\displaystyle\sum_{n=1}^{\infty}u_n$ 和 $\displaystyle\sum_{n=1}^{\infty}v_n$ 都是正项级数,且 $u_n\leqslant v_n$ ($n=1,2,$ $\cdots$). 若级数 $\displaystyle\sum_{n=1}^{\infty}v_n$ 收敛,则级数 $\displaystyle\sum_{n=1}^{\infty}u_n$ 收敛;反之,若级数 $\displaystyle\sum_{n=1}^{\infty}u_n$ 发散,则级数 $\displaystyle\sum_{n=1}^{\infty}v_n$ 发散.

证明:设级数 $\displaystyle\sum_{n=1}^{\infty}v_n$ 收敛于和 σ,则级数 $\displaystyle\sum_{n=1}^{\infty}u_n$ 的部分和为

$$s_n = u_1 + u_2 + u_3 + \cdots + u_n \leqslant v_1 + v_2 + \cdots v_n \leqslant \sigma \quad (n=1,2,\cdots)$$

即部分和数列 $\{s_n\}$ 有界,由定理 8.1 知级数 $\sum\limits_{n=1}^{\infty} u_n$ 收敛.

反之,设级数 $\sum\limits_{n=1}^{\infty} u_n$ 发散,则级数 $\sum\limits_{n=1}^{\infty} v_n$ 必发散. 因为若级数 $\sum\limits_{n=1}^{\infty} v_n$ 收敛,由上已证明的结论,将有级数 $\sum\limits_{n=1}^{\infty} u_n$ 也收敛,与假设矛盾.

推论 设 $\sum\limits_{n=1}^{\infty} u_n$ 和 $\sum\limits_{n=1}^{\infty} v_n$ 都是正项级数,如果级数 $\sum\limits_{n=1}^{\infty} v_n$ 收敛,且存在自然数 N,使当 $n \geqslant N$ 时有 $u_n \leqslant kv_n (k>0)$ 成立,则级数 $\sum\limits_{n=1}^{\infty} u_n$ 收敛;如果级数 $\sum\limits_{n=1}^{\infty} v_n$ 发散,且当 $n \geqslant N$ 时有 $u_n \geqslant kv_n (k>0)$ 成立,则级数 $\sum\limits_{n=1}^{\infty} u_n$ 发散.

例 8.2.1 讨论 p - 级数 $\sum\limits_{n=1}^{\infty} \dfrac{1}{n^p} = 1 + \dfrac{1}{2^p} + \dfrac{1}{3^p} + \dfrac{1}{4^p} + \cdots + \dfrac{1}{n^p} + \cdots$ 的收敛性,其中常数 $p>0$.

解:设 $p \leqslant 1$. 这时 $\dfrac{1}{n^p} \geqslant \dfrac{1}{n}$,而调和级数 $\sum\limits_{n=1}^{\infty} \dfrac{1}{n}$ 发散,由比较审敛法知,当 $p \leqslant 1$ 时级数 $\sum\limits_{n=1}^{\infty} \dfrac{1}{n^p}$ 发散.

设 $p > 1$,此时有

$$\frac{1}{n^p} = \int_{n-1}^{n} \frac{1}{n^p} \mathrm{d}x \leqslant \int_{n-1}^{n} \frac{1}{x^p} \mathrm{d}x = \frac{1}{p-1} \left(\frac{1}{(n-1)^{p-1}} - \frac{1}{n^{p-1}} \right) (n=2,3,\cdots).$$

对于级数 $\sum\limits_{n=2}^{\infty} \left(\dfrac{1}{(n-1)^{p-1}} - \dfrac{1}{n^{p-1}} \right)$,其部分和

$$s_n = \left(1 - \frac{1}{2^{p-1}}\right) + \left(\frac{1}{2^{p-1}} - \frac{1}{3^{p-1}}\right) + \cdots + \left(\frac{1}{n^{p-1}} - \frac{1}{(n+1)^{p-1}}\right) = 1 - \frac{1}{(n+1)^{p-1}}.$$

因为 $\lim\limits_{n\to\infty} s_n = \lim\limits_{n\to\infty} \left(1 - \dfrac{1}{(n+1)^{p-1}}\right) = 1$,所以级数 $\sum\limits_{n=2}^{\infty} \left(\dfrac{1}{(n-1)^{p-1}} - \dfrac{1}{n^{p-1}} \right)$ 收敛. 从而根据比较审敛法的推论可知,当 $p > 1$ 时级数 $\sum\limits_{n=1}^{\infty} \dfrac{1}{n^p}$ 收敛.

综上所述, p - 级数 $\sum\limits_{n=1}^{\infty} \dfrac{1}{n^p}$ 当 $p > 1$ 时收敛,当 $p \leqslant 1$ 时发散.

例 8.2.2 证明级数 $\sum\limits_{n=1}^{\infty} \dfrac{1}{\sqrt{n(n+1)}}$ 是发散的.

证明:因为 $\dfrac{1}{\sqrt{n(n+1)}} > \dfrac{1}{\sqrt{(n+1)^2}} = \dfrac{1}{n+1}$,而级数 $\sum\limits_{n=1}^{\infty} \dfrac{1}{n+1} = \dfrac{1}{2} + \dfrac{1}{3} + \cdots +$

$\dfrac{1}{n+1}+\cdots$ 是发散的,根据比较审敛法可知所给级数也是发散的.

定理 8.2.3(比较审敛法的极限形式)　设 $\displaystyle\sum_{n=1}^{\infty}u_n$ 和 $\displaystyle\sum_{n=1}^{\infty}v_n$ 都是正项级数,如果 $\displaystyle\lim_{n\to\infty}$ $\dfrac{u_n}{v_n}=l(0<l<+\infty)$,则级数 $\displaystyle\sum_{n=1}^{\infty}u_n$ 和级数 $\displaystyle\sum_{n=1}^{\infty}v_n$ 同时收敛或同时发散.

证明:由极限的定义可知,对 $\varepsilon=\dfrac{1}{2}l$,存在自然数 N,当 $n>N$ 时,有不等式

$$l-\frac{1}{2}l<\frac{u_n}{v_n}<l+\frac{1}{2}l,$$

即

$$\frac{1}{2}lv_n<u_n<\frac{3}{2}lv_n.$$

再根据比较审敛法的推论,即得所要证的结论.

例 8.2.3　判别级数 $\displaystyle\sum_{n=1}^{\infty}\sin\frac{1}{n}$ 的收敛性.

解:因为 $\displaystyle\lim_{n\to\infty}\dfrac{\sin\dfrac{1}{n}}{\dfrac{1}{n}}=1$,而级数 $\displaystyle\sum_{n=1}^{\infty}\dfrac{1}{n}$ 发散,根据比较审敛法的极限形式,级数

$\displaystyle\sum_{n=1}^{\infty}\sin\frac{1}{n}$ 发散.

用比较审敛法审敛时,需要适当地选取一个已知其收敛性的级数 $\displaystyle\sum_{n=1}^{\infty}v_n$ 作为比较的基准. 最常选用做基准级数的是等比级数和 p - 级数.

定理 8.2.4(比值审敛法,达朗贝尔判别法)　若正项级数 $\displaystyle\sum_{n=1}^{\infty}u_n$ 的后项与前项之比值的极限等于 ρ,即

$$\lim_{n\to\infty}\frac{u_{n+1}}{u_n}=\rho,$$

则当 $\rho<1$ 时,级数收敛;当 $\rho>1$(或 $\displaystyle\lim_{n\to\infty}\dfrac{u_{n+1}}{u_n}=\infty$) 时,级数发散;当 $\rho=1$ 时,级数可能收敛也可能发散.

例 8.2.4　判别级数 $\displaystyle\sum_{n=1}^{\infty}\ln\left(1+\frac{1}{n^2}\right)$ 的收敛性.

解:因为 $\displaystyle\lim_{n\to\infty}\dfrac{\ln\left(1+\dfrac{1}{n^2}\right)}{\dfrac{1}{n^2}}=1$,而级数 $\displaystyle\sum_{n=1}^{\infty}\dfrac{1}{n^2}$ 收敛,

根据比较审敛法的极限形式,级数 $\sum\limits_{n=1}^{\infty}\ln\left(1+\dfrac{1}{n^2}\right)$ 收敛.

例 8.2.5   判别级数 $\sum\limits_{n=1}^{\infty}\dfrac{1}{n!}$ 收敛性.

解: 因为

$$\lim_{n\to\infty}\frac{u_{n+1}}{u_n}=\lim_{n\to\infty}\frac{\dfrac{1}{(n+1)!}}{\dfrac{1}{n!}}=\lim_{n\to\infty}\frac{1}{n+1}=0<1,$$

根据比值审敛法可知,所给级数收敛.

例 8.2.6   判别级数 $\sum\limits_{n=1}^{\infty}\dfrac{n!}{3^n}$ 的收敛性.

解: 因为

$$\lim_{n\to\infty}\frac{u_{n+1}}{u_n}=\lim_{n\to\infty}\frac{\dfrac{(n+1)!}{3^{n+1}}}{\dfrac{n!}{3^n}}=\lim_{n\to\infty}\frac{n+1}{3}=+\infty,$$

根据比值审敛法可知,所给级数发散.

定理 8.2.5(根值审敛法,柯西判别法)   设 $\sum\limits_{n=1}^{\infty}u_n$ 是正项级数,如果它的一般项 u_n 的 n 次根的极限等于 ρ,即

$$\lim_{n\to\infty}\sqrt[n]{u_n}=\rho,$$

则当 $\rho<1$ 时,级数收敛;当 $\rho>1$(或 $\lim\limits_{n\to\infty}\sqrt[n]{u_n}=+\infty$)时,级数发散;当 $\rho=1$ 时,级数可能收敛也可能发散.

例 8.2.7   证明级数 $1+\dfrac{1}{2^2}+\dfrac{1}{3^3}+\cdots+\dfrac{1}{n^n}+\cdots$ 是收敛的,并估计以级数的部分和 s_n 近似代替和 s 所产生的误差.

解: 因为

$$\lim_{n\to\infty}\sqrt[n]{u_n}=\lim_{n\to\infty}\sqrt[n]{\frac{1}{n^n}}=\lim_{n\to\infty}\frac{1}{n}=0,$$

所以根据根值审敛法可知所给级数收敛.

以这级数的部分和 s_n 近似代替和 s 所产生的误差为

$$|r_n|=\frac{1}{(n+1)^{n+1}}+\frac{1}{(n+2)^{n+2}}+\frac{1}{(n+3)^{n+3}}+\cdots$$

$$<\frac{1}{(n+1)^{n+1}}+\frac{1}{(n+1)^{n+2}}+\frac{1}{(n+1)^{n+3}}+\cdots$$

$$= \frac{1}{n(n+1)^n}.$$

例 8.2.8　判定级数 $\sum\limits_{n=1}^{\infty} \frac{2+(-1)^n}{2^n}$ 的收敛性.

解：因为

$$\lim_{n\to\infty} \sqrt[n]{u_n} = \lim_{n\to\infty} \frac{1}{2} \sqrt[n]{2+(-1)^n} = \frac{1}{2},$$

所以,根据根值审敛法知所给级数收敛.

定理 8.2.6(极限审敛法)　设 $\sum\limits_{n=1}^{\infty} u_n$ 为正项级数,证明:

(1) 如果 $\lim\limits_{n\to\infty} nu_n = l > 0$(或 $\lim\limits_{n\to\infty} nu_n = +\infty$),则级数 $\sum\limits_{n=1}^{\infty} u_n$ 发散;

(2) 如果 $p > 1$,而 $\lim\limits_{n\to\infty} n^p u_n = l (0 \leqslant l < +\infty)$,则级数 $\sum\limits_{n=1}^{\infty} u_n$ 收敛.

证明：(1) 在极限形式的比较审敛法中,取 $v_n = \frac{1}{n}$,由调和级数 $\sum\limits_{n=1}^{\infty} \frac{1}{n}$ 发散,知结论成立;

(2) 在极限形式的比较审敛法中,取 $v_n = \frac{1}{n^p}$,当 $p > 1$ 时, p - 级数 $\sum\limits_{n=1}^{\infty} \frac{1}{n^p}$ 收敛,故结论成立.

例 8.2.9　判定级数 $\sum\limits_{n=1}^{\infty} \ln\left(1+\frac{1}{n^2}\right)$ 的收敛性.

解：因 $\ln\left(1+\frac{1}{n^2}\right) \sim \frac{1}{n^2} (n \to +\infty)$,故

$$\lim_{n\to\infty} n^2 u_n = \lim_{n\to\infty} n^2 \ln\left(1+\frac{1}{n^2}\right) = \lim_{n\to\infty} n^2 \cdot \frac{1}{n^2} = 1,$$

根据极限审敛法知所给级数收敛.

例 8.2.10　判定级数 $\sum\limits_{n=1}^{\infty} \sqrt{n+1}\left(1-\cos\frac{\pi}{n}\right)$ 的收敛性.

解：因为

$$\lim_{n\to\infty} n^{\frac{3}{2}} u_n = \lim_{n\to\infty} n^{\frac{3}{2}} \sqrt{n+1}\left(1-\cos\frac{\pi}{n}\right) = \lim_{n\to\infty} n^2 \sqrt{\frac{n+1}{n}} \cdot \frac{1}{2}\left(\frac{\pi}{n}\right)^2 = \frac{1}{2}\pi^2,$$

根据极限审敛法知所给级数收敛.

8.2.2　交错级数及其审敛法则

下列形式的级数 $u_1 - u_2 + u_3 - u_4 \cdots$,称为**交错级数**.

交错级数的一般形式为 $\sum\limits_{n=1}^{\infty}(-1)^{n-1}u_n$,其中 $u_n>0$.

定理 8.2.7(莱布尼茨定理)　如果交错级数 $\sum\limits_{n=1}^{\infty}(-1)^{n-1}u_n$ 满足条件:

(1)$u_n \geqslant u_{n+1}(n=1,2,3,\cdots)$;

(2)$\lim\limits_{n\to\infty}u_n=0$,

则级数收敛,且其和 $s \leqslant u_1$,其余项 r_n 的绝对值 $|r_n| \leqslant u_{n+1}$.

证明:设前 n 项部分和为 s_n,由

$$s_{2n}=(u_1-u_2)+(u_3-u_4)+\cdots(u_{2n-1}-u_{2n})$$

及

$$s_{2n}=u_1-(u_2-u_3)+(u_4-u_5)+\cdots(u_{2n-2}-u_{2n-1})-u_{2n}$$

看出数列 $\{s_{2n}\}$ 单调增加且有界($s_{2n} \leqslant u_1$),所以收敛.

设 $s_{2n} \to s(n\to\infty)$,则也有 $s_{2n+1}=s_{2n}+u_{2n+1} \to s(n\to\infty)$,所以 $s_n \to s(n\to\infty)$,从而级数是收敛的,且 $s<u_1$.

因为 $|r_n| \leqslant u_{n+1}-u_{n+2}+\cdots|$ 也是收敛的交错级数,所以 $|r_n| \leqslant u_{n+1}$.

8.2.3　绝对收敛与条件收敛

对于一般的级数 $u_1+u_2+\cdots+u_n+\cdots$,若级数 $\sum\limits_{n=1}^{\infty}|u_n|$ 收敛,则称级数 $\sum\limits_{n=1}^{\infty}u_n$ 绝对收敛;若级数 $\sum\limits_{n=1}^{\infty}u_n$ 收敛,而级数 $\sum\limits_{n=1}^{\infty}|u_n|$ 发散,则称级数 $\sum\limits_{n=1}^{\infty}u_n$ 条件收敛.

级数绝对收敛与级数收敛有如下关系:

定理 8.2.8　如果级数 $\sum\limits_{n=1}^{\infty}u_n$ 绝对收敛,则级数 $\sum\limits_{n=1}^{\infty}u_n$ 必定收敛.

证明:令

$$v_n=\frac{1}{2}(u_n+|u_n|)\quad(n=1,2,\cdots)$$

显然 $v_n \geqslant 0$ 且 $v_n \leqslant |u_n|(n=1,2,\cdots)$. 因级数 $\sum\limits_{n=1}^{\infty}|u_n|$ 收敛,由比较审敛法知,级数 $\sum\limits_{n=1}^{\infty}v_n$,从而级数 $\sum\limits_{n=1}^{\infty}2v_n$ 也收敛. 而 $u_n=2v_n-|u_n|$,由收敛级数的基本性质知

$$\sum_{n=1}^{\infty}u_n=\sum_{n=1}^{\infty}2v_n-\sum_{n=1}^{\infty}|u_n|,$$

所以级数 $\sum\limits_{n=1}^{\infty}u_n$ 收敛.

定理 8.2.8 表明,对于一般的级数 $\sum\limits_{n=1}^{\infty} u_n$,如果我们用正项级数的审敛法判定级数 $\sum\limits_{n=1}^{\infty} |u_n|$ 收敛,则此级数收敛. 这就使得一大类级数的收敛性判定问题,转化成为正项级数的收敛性判定问题.

一般来说,如果级数 $\sum\limits_{n=1}^{\infty} |u_n|$ 发散,我们不能断定级数 $\sum\limits_{n=1}^{\infty} u_n$ 也发散. 但是,如果我们用比值法或根值法判定级数 $\sum\limits_{n=1}^{\infty} |u_n|$ 发散,则我们可以断定级数 $\sum\limits_{n=1}^{\infty} u_n$ 必定发散. 这是因为,此时 $|u_n|$ 不趋向于零,从而 u_n 也不趋向于零,因此级数 $\sum\limits_{n=1}^{\infty} u_n$ 也是发散的.

例 8.2.11 判别级数 $\sum\limits_{n=1}^{\infty} \dfrac{\sin na}{n^2}$ 的收敛性.

解: 因为 $\left| \dfrac{\sin na}{n^2} \right| \leqslant \dfrac{1}{n^2}$,而级数 $\sum\limits_{n=1}^{\infty} \dfrac{1}{n^2}$ 是收敛的,所以级数 $\sum\limits_{n=1}^{\infty} \left| \dfrac{\sin na}{n^2} \right|$ 也收敛,从而级数 $\sum\limits_{n=1}^{\infty} \dfrac{\sin na}{n^2}$ 绝对收敛.

例 8.2.12 判别级数 $\sum\limits_{n=1}^{\infty} \dfrac{a^n}{n^3}$($a$ 为常数)的收敛性.

解: 因为

$$\frac{|u_{n+1}|}{|u_n|} = \frac{|a|^{n+1} n^3}{|a|^n (n+1)^3} = \left(\frac{n}{n+1} \right)^3 |a| \to |a| \quad (n \to \infty),$$

所以当 $a = \pm 1$ 时,级数 $\sum\limits_{n=1}^{\infty} \dfrac{(\pm 1)^n}{n^3}$ 均收敛;当 $|a| \leqslant 1$ 时,级数 $\sum\limits_{n=1}^{\infty} \dfrac{a^n}{n^3}$ 绝对收敛;当 $|a| > 1$ 时,级数 $\sum\limits_{n=1}^{\infty} \dfrac{a^n}{n^3}$ 发散.

例 8.2.13 判别级数 $\sum\limits_{n=1}^{\infty} (-1)^n \dfrac{1}{2^n} \left(1 + \dfrac{1}{n} \right)^{n^2}$ 的收敛性.

解: 由 $|u_n| = \dfrac{1}{2^n} \left(1 + \dfrac{1}{n} \right)^{n^2}$,有 $\lim\limits_{n \to \infty} \sqrt[n]{|u_n|} = \dfrac{1}{2} \lim\limits_{n \to \infty} \left(1 + \dfrac{1}{n} \right)^n = \dfrac{1}{2} \mathrm{e} > 1$,

可知 $\lim\limits_{n \to \infty} u_n \neq 0$,因此级数 $\sum\limits_{n=1}^{\infty} (-1)^n \dfrac{1}{2^n} \left(1 + \dfrac{1}{n} \right)^{n^2}$ 发散.

 **习题 8.2**

1. 用比较审敛法判定下列级数的收敛性.

(1) $\sum\limits_{n=1}^{\infty} \dfrac{1}{3n+2}$;　　　　　　　　(2) $\sum\limits_{n=1}^{\infty} \dfrac{3}{2^n+1}$;

(3) $\sum\limits_{n=1}^{\infty} \dfrac{1}{n^2+n}$;　　　　　　　　(4) $\sum\limits_{n=1}^{\infty} \sin\dfrac{\pi}{2^n}$.

2. 用比值审敛法判定下列级数的敛散性.

(1) $\sum\limits_{n=1}^{\infty} \dfrac{n^3}{3^n}$;　　　　　　　　(2) $\sum\limits_{n=1}^{\infty} \dfrac{n!}{4^n}$.

3. 判定下列级数是否收敛,若收敛,是绝对收敛还是条件收敛?

(1) $\sum\limits_{n=1}^{\infty} (-1)^{n+1}\dfrac{1}{\sqrt{n}}$;　　　　　　(2) $\sum\limits_{n=1}^{\infty} (-1)^{n-1}\dfrac{n^2}{2^n}$.

§8.3   幂级数

8.3.1   函数项级数的概念

定义 8.3.1   给定一个定义在区间 I 上的函数列 $\{u_n(x)\}$,由这函数列构成的表达式

$$u_1(x)+u_2(x)+u_3(x)+\cdots+u_n(x)+\cdots$$

称为定义在区间 I 上的**(函数项) 级数**,记为 $\sum\limits_{n=1}^{\infty} u_n(x)$.

对于区间 I 内的一定点 x_0,若常数项级数 $\sum\limits_{n=1}^{\infty} u_n(x_0)$ 收敛,则称点 x_0 是级数 $\sum\limits_{n=1}^{\infty} u_n(x)$ 的**收敛点**;若常数项级数 $\sum\limits_{n=1}^{\infty} u_n(x_0)$ 发散,则称点 x_0 是级数 $\sum\limits_{n=1}^{\infty} u_n(x)$ 的**发散点**.

函数项级数 $\sum\limits_{n=1}^{\infty} u_n(x)$ 的所有收敛点的全体称为它的**收敛域**,所有发散点的全体称为它的**发散域**.

在收敛域上,函数项级数 $\sum\limits_{n=1}^{\infty} u_n(x)$ 的和是 x 的函数 $s(x)$,$s(x)$ 称为函数项级数 $\sum\limits_{n=1}^{\infty} u_n(x)$ 的**和函数**,并写成 $s(x)=\sum\limits_{n=1}^{\infty} u_n(x)$. 函数项级数 $\sum u_n(x)$ 的前 n 项的部分和记作 $s_n(x)$,即

$$s_n(x)=u_1(x)+u_2(x)+u_3(x)+\cdots+u_n(x).$$

在收敛域上有 $\lim\limits_{n\to\infty}s_n(x)=s(x)$.

函数项级数 $\sum\limits_{n=1}^{\infty}u_n(x)$ 的和函数 $s(x)$ 与部分和 $s_n(x)$ 的差

$$r_n(x)=s(x)-s_n(x)$$

称为函数项级数 $\sum\limits_{n=1}^{\infty}u_n(x)$ 的**余项**,并有 $\lim\limits_{n\to\infty}r_n(x)=0$.

8.3.2　幂级数及其收敛性

定义 8.3.2　函数项级数中简单而常见的一类级数就是各项都是幂函数的函数项级数,这种形式的级数称为**幂级数**,它的形式是

$$\sum_{n=0}^{\infty}a_nx^n=a_0+a_1x+a_2x^2+\cdots+a_nx^n+\cdots$$

其中,常数 $a_0,a_1,a_2,\cdots,a_n,\cdots$ 称为**幂级数的系数**.

幂级数的例子:

$$1+x+x^2+x^3+\cdots+x^n+\cdots,$$

$$1+x+\frac{1}{2!}x^2+\cdots+\frac{1}{n!}x^n+\cdots.$$

注意:幂级数的一般形式是 $a_0+a_1(x-x_0)+a_2(x-x_0)^2+\cdots+a_n(x-x_0)^n+\cdots$,经变换 $t=x-x_0$ 就得 $a_0+a_1t+a_2t^2+\cdots+a_nt^n+\cdots$.

幂级数 $1+x+x^2+x^3+\cdots+x^n+\cdots$ 可以看成是公比为 x 的几何级数. 当 $|x|<1$ 时它是收敛的;当 $|x|\geqslant1$ 时,它是发散的. 因此它的收敛域为 $(-1,1)$,在收敛域内有 $\dfrac{1}{1-x}=1+x+x^2+x^3+\cdots+x^n+\cdots$.

定理 8.3.1(阿贝尔定理)　对于级数 $\sum\limits_{n=0}^{\infty}a_nx^n$ 当 $x=x_0(x_0\neq0)$ 时收敛,则适合不等式 $|x|<|x_0|$ 的一切 x 使这幂级数绝对收敛;反之,如果级数 $\sum\limits_{n=0}^{\infty}a_nx^n$ 当 $x=x_0$ 时发散,则适合不等式 $|x|>|x_0|$ 的一切 x 使这幂级数发散.

证明:先设 x_0 是幂级数 $\sum\limits_{n=0}^{\infty}a_nx^n$ 的收敛点,即级数 $\sum\limits_{n=0}^{\infty}a_nx^n$ 收敛. 根据级数收敛的必要条件,有 $\lim\limits_{n\to\infty}a_nx_0^n=0$,于是存在一个常数 M,使

$$|a_nx_0^n|\leqslant M\quad(n=1,2,\cdots).$$

这样,级数 $\sum\limits_{n=0}^{\infty}a_nx^n$ 的一般项的绝对值

$$|a_nx^n|=\left|a_nx_0^n\cdot\frac{x^n}{x_0^n}\right|=|a_nx_0^n|\cdot\left|\frac{x}{x_0}\right|^n\leqslant M\cdot\left|\frac{x}{x_0}\right|^n.$$

因为当 $|x|<|x_0|$ 时,等比级数 $\sum\limits_{n=0}^{\infty} M \cdot \left|\dfrac{x}{x_0}\right|^n$ 收敛,所以级数 $\sum\limits_{n=0}^{\infty}|a_n x^n|$ 收敛,也就是级数 $\sum\limits_{n=0}^{\infty} a_n x^n$ 绝对收敛.

本定理的第二部分可用反证法证明.

倘若幂级数当 $x=x_0$ 时发散而有一点 x_1 适合 $|x_1|>|x_0|$ 使级数收敛,则根据本定理的第一部分,级数当 $x=x_0$ 时应收敛,这与所设矛盾. 得证.

推论　如果级数 $\sum\limits_{n=0}^{\infty} a_n x^n$ 不是仅在点 $x=0$ 一点收敛,也不是在整个数轴上都收敛,则必有一个完全确定的正数 R 存在,使得

当 $|x|<R$ 时,幂级数绝对收敛;

当 $|x|>R$ 时,幂级数发散;

当 $x=R$ 与 $x=-R$ 时,幂级数可能收敛也可能发散.

正数 R 通常称为幂级数 $\sum\limits_{n=0}^{\infty} a_n x^n$ 的**收敛半径**. 开区间 $(-R,R)$ 称为幂级数 $\sum\limits_{n=0}^{\infty} a_n x^n$ 的**收敛区间**. 再由幂级数在 $x=\pm R$ 处的收敛性就可以决定它的**收敛域**. 幂级数 $\sum\limits_{n=0}^{\infty} a_n x^n$ 的收敛域是 $(-R,R)$ 或 $[-R,R),(-R,R],[-R,R]$ 之一.

若幂级数 $\sum\limits_{n=0}^{\infty} a_n x^n$ 只在 $x=0$ 收敛,则规定收敛半径 $R=0$,若幂级数 $\sum\limits_{n=0}^{\infty} a_n x^n$ 对一切 x 都收敛,则规定收敛半径 $R=+\infty$,这时收敛域为 $(-\infty,+\infty)$.

定理 8.3.2　如果 $\lim\limits_{n\to\infty}\left|\dfrac{a_{n+1}}{a_n}\right|=\rho$,其中 a_n,a_{n+1} 是幂级数 $\sum\limits_{n=0}^{\infty} a_n x^n$ 的相邻两项的系数,则这幂级数的收敛半径

$$R=\begin{cases}+\infty(\rho=0)\\[2mm]\dfrac{1}{\rho}(\rho\neq0)\\[2mm]0(\rho=+\infty)\end{cases}.$$

证明:

$$\lim_{n\to\infty}\left|\frac{a_{n+1}x^{n+1}}{a_n x^n}\right|=\lim_{n\to\infty}\left|\frac{a_{n+1}}{a_n}\right|\cdot|x|=\rho|x|.$$

如果 $0<\rho<+\infty$,则只当 $\rho|x|<1$ 时幂级数收敛,故 $R=\dfrac{1}{\rho}$.

如果 $\rho=0$,则幂级数总是收敛的,故 $R=+\infty$.

如果 $\rho=+\infty$,则只当 $x=0$ 时幂级数收敛,故 $R=0$.

例 8.3.1 求幂级数 $\displaystyle\sum_{n=1}^{\infty} \frac{x^n}{n^2}$ 的收敛半径与收敛域.

解:因为

$$\rho = \lim_{n\to\infty} \left| \frac{a_{n+1}}{a_n} \right| = \lim_{n\to\infty} \frac{n^2}{(n+1)^2} = 1,$$

所以,收敛半径为 $R = \dfrac{1}{\rho} = 1$,即收敛区间为 $(-1,1)$.

当 $x = \pm 1$ 时,有 $\left| \dfrac{(\pm 1)^n}{n^2} \right| = \dfrac{1}{n^2}$,由于级数 $\displaystyle\sum_{n=1}^{\infty} \frac{1}{n^2}$ 收敛,所以级数 $\displaystyle\sum_{n=1}^{\infty} \frac{x^n}{n^2}$ 在 $x = \pm 1$ 时也收敛. 因此,收敛域为 $[-1,1]$.

例 8.3.2 求幂级数 $\displaystyle\sum_{n=0}^{\infty} \frac{1}{n!} x^n = 1 + x + \frac{1}{2!}x^2 + \frac{1}{3!}x^3 + \cdots + \frac{1}{n!}x^n + \cdots$ 的收敛域.

解:因为

$$\rho = \lim_{n\to\infty} \left| \frac{a_{n+1}}{a_n} \right| = \lim_{n\to\infty} \frac{\frac{1}{(n+1)!}}{\frac{1}{n!}} = \lim_{n\to\infty} \frac{n!}{(n+1)!} = 0,$$

所以收敛半径为 $R = +\infty$,从而收敛域为 $(-\infty, +\infty)$.

例 8.3.3 求幂级数 $\displaystyle\sum_{n=0}^{\infty} n!\, x^n$ 的收敛半径.

解:因为

$$\rho = \lim_{n\to\infty} \left| \frac{a_{n+1}}{a_n} \right| = \lim_{n\to\infty} \frac{(n+1)!}{n!} = +\infty,$$

所以收敛半径为 $x = 0$,即级数仅在 $x = 0$ 处收敛.

例 8.3.4 求幂级数 $\displaystyle\sum_{n=0}^{\infty} \frac{(2n)!}{(n!)^2} x^{2n}$ 的收敛半径.

解:级数缺少奇次幂的项,定理 8.10 不能应用,可根据比值审敛法来求收敛半径.

幂级数的一般项记为 $u_n(x) = \dfrac{(2n)!}{(n!)^2} x^{2n}$.

因为

$$\lim_{n\to\infty} \left| \frac{u_{n+1}(x)}{u_n(x)} \right| = 4 \mid x \mid^2,$$

当 $4|x^2| < 1$,即 $\mid x \mid < \dfrac{1}{2}$ 时,级数收敛;当 $4|x|^2 > 1$,即 $\mid x \mid > \dfrac{1}{2}$ 时,级数发散. 所以收敛半径为 $R = \dfrac{1}{2}$.

例 8.3.5   求幂级数 $\sum\limits_{n=1}^{\infty}\dfrac{(x-1)^n}{2^n n}$ 的收敛域.

解：令 $t=x-1$，上述级数变为 $\sum\limits_{n=1}^{\infty}\dfrac{t^n}{2^n n}$.

因为 $\rho=\lim\limits_{n\to\infty}\left|\dfrac{a_{n+1}}{a_n}\right|=\dfrac{2^n \cdot n}{2^{n+1}\cdot(n+1)}=\dfrac{1}{2}$，

所以收敛半径 $R=2$.

当 $t=2$ 时，级数成为 $\sum\limits_{n=1}^{\infty}\dfrac{1}{n}$，此级数发散；当 $t=-2$ 时，级数成为 $\sum\limits_{n=1}^{\infty}\dfrac{(-1)}{n}$，此级数收敛. 因此级数 $\sum\limits_{n=1}^{\infty}\dfrac{t^n}{2^n n}$ 的收敛域为 $-2\leqslant t<2$. 因为 $-2\leqslant x-1<2$，即 $-1\leqslant x<3$，所以原级数的收敛域为 $[-1,3)$.

8.3.3   幂级数的运算

设幂级数 $\sum\limits_{n=0}^{\infty}a_n x^n$ 及 $\sum\limits_{n=0}^{\infty}b_n x^n$ 分别在区间 $(-R,R)$ 及 $(-R',R')$ 内收敛，则在 $(-R,R)$ 与 $(-R',R')$ 中较小的区间内有

加法：$\sum\limits_{n=0}^{\infty}a_n x^n+\sum\limits_{n=0}^{\infty}b_n x^n=\sum\limits_{n=0}^{\infty}(a_n+b_n)x^n$；

减法：$\sum\limits_{n=0}^{\infty}a_n x^n-\sum\limits_{n=0}^{\infty}b_n x^n=\sum\limits_{n=0}^{\infty}(a_n-b_n)x^n$；

乘法：$\left(\sum\limits_{n=0}^{\infty}a_n x^n\right)\cdot\left(\sum\limits_{n=0}^{\infty}b_n x^n\right)=a_0 b_0+(a_0 b_1+a_1 b_0)x+(a_0 b_2+a_1 b_1+a_2 b_0)x^2$ $+\cdots+(a_0 b_n+a_1 b_{n-1}+\cdots+a_n b_0)x^n+\cdots$；

除法：$\dfrac{a_0+a_1 x+a_2 x^2+\cdots+a_n x^n+\cdots}{b_0+b_1 x+b_2 x^2+\cdots+b_n x^n+\cdots}=c_0+c_1 x+c_2 x^2+\cdots+c_n x^n+\cdots$.

关于幂级数的和函数有下列重要性质：

性质 1   幂级数 $\sum\limits_{n=0}^{\infty}a_n x^n$ 的和函数 $s(x)$ 在其收敛域 I 上连续.

性质 2   幂级数 $\sum\limits_{n=0}^{\infty}a_n x^n$ 的和函数 $s(x)$ 在其收敛域 I 上可积，并且有逐项积分公式

$$\int_0^x s(x)\mathrm{d}x=\int_0^x\left(\sum\limits_{n=0}^{\infty}a_n x^n\right)\mathrm{d}x=\sum\limits_{n=0}^{\infty}\int_0^x a_n x^n\mathrm{d}x=\sum\limits_{n=0}^{\infty}\dfrac{a_n}{n+1}x^{n+1}\quad(x\in I)$$

逐项积分后所得到的幂级数和原级数有相同的收敛半径.

性质 3　幂级数 $\sum\limits_{n=0}^{\infty} a_n x^n$ 的和函数 $s(x)$ 在其收敛区间 $(-R,R)$ 内可导,并且有逐项求导公式

$$s'(x) = \Big(\sum_{n=0}^{\infty} a_n x^n\Big)' = \sum_{n=0}^{\infty} (a_n x^n)' = \sum_{n=1}^{\infty} n a_n x^{n-1} \quad (\,|x|<R\,)$$

逐项求导后所得到的幂级数和原级数有相同的收敛半径.

例 8.3.6　求幂级数 $\sum\limits_{n=0}^{\infty} \dfrac{1}{n+1} x^n$ 的和函数.

解:求得幂级数的收敛域为 $[-1,1)$.

设和函数为 $s(x)$,即

$$s(x) = \sum_{n=0}^{\infty} \frac{1}{n+1} x^n, \, x \in [-1,1)$$

显然 $s(0)=1$. 在 $xs(x) = \sum\limits_{n=0}^{\infty} \dfrac{1}{n+1} x^{n+1}$ 的两边求导得:

$$\big(xs(x)\big)' = \sum_{n=0}^{\infty} \Big(\frac{1}{n+1} x^{n+1}\Big)' = \sum_{n=0}^{\infty} x^n = \frac{1}{1-x},$$

从 0 到 x 积分,得

$$xs(x) = \int_0^x \frac{1}{1-x} \mathrm{d}x = -\ln(1-x).$$

于是,当 $x \neq 0$ 时,有 $s(x) = -\dfrac{1}{x}\ln(1-x)$. 从而

$$s(x) = \begin{cases} -\dfrac{1}{x}\ln(1-x) & (x \in [-1,0) \bigcup (0,1)) \\ 1 & (x=0) \end{cases}.$$

提示:应用公式 $\int_0^x F'(x)\mathrm{d}x = F(x) - F(0)$,即 $F(x) = F(0) + \int_0^x F'(x)\mathrm{d}x$.

$$\frac{1}{1-x} = 1 + x + x^2 + x^3 + \cdots + x^n + \cdots.$$

例 8.3.7　求级数 $\sum\limits_{n=0}^{\infty} \dfrac{(-1)^n}{n+1}$ 的和.

解:考虑幂级数 $\sum\limits_{n=0}^{\infty} \dfrac{1}{n+1} x^n$,此级数在 $[-1,1)$ 上收敛,设其和函数为 $s(x)$,则

$$s(-1) = \sum_{n=0}^{\infty} \frac{(-1)^n}{n+1}.$$

在例 8.3.6 中已得到 $xs(x) = \ln(1-x)$,于是 $-s(-1) = \ln 2$,$s(-1) = \ln\dfrac{1}{2}$,即

$$\sum_{n=0}^{\infty} \frac{(-1)^n}{n+1} = \ln \frac{1}{2}.$$

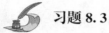 **习题 8.3**

1. 求下列幂级数的收敛区间.

(1) $\sum_{n=1}^{\infty} (n+1)x^n$;　　　　　　(2) $\sum_{n=1}^{\infty} \frac{(-1)^{n-1}}{n^2+1} x^n$;

(3) $\sum_{n=1}^{\infty} \frac{x^n}{n \cdot 3^n}$.

2. 利用逐项求导法或逐项积分法,求下列级数的和函数.

(1) $\sum_{n=1}^{\infty} nx^{n-1} |x| < 1$;　　　　　(2) $\sum_{n=1}^{\infty} \frac{(-1)^{n+1} x^{2n-1}}{2n-1}$.

§8.4　函数的幂级数展开

给定函数 $f(x)$,要考虑它是否能在某个区间内"展开成幂级数",就是说,是否能找到这样一个幂级数 —— 它在某区间内收敛,且其和恰好就是给定的函数 $f(x)$. 如果能找到这样的幂级数,我们就说,函数 $f(x)$ 能展开成幂级数,而该级数在收敛区间内就表达了函数 $f(x)$.

如果 $f(x)$ 在点 x_0 的某邻域内具有各阶导数

$$f'(x), f''(x), \cdots, f^{(n)}(x), \cdots$$

则当 $n \to \infty$ 时,$f(x)$ 在点 x_0 的泰勒多项式

$$p_n(x) = f(x_0) + f'(x_0)(x-x_0) + \frac{f''(x_0)}{2!}(x-x_0)^2 + \cdots + \frac{f^{(n)}(x_0)}{n!}(x-x_0)^n$$

成为幂级数

$$f(x_0) + f'(x_0)(x-x_0) + \frac{f''(x_0)}{2!}(x-x_0)^2 + \cdots + \frac{f^{(n)}(x_0)}{n!}(x-x_0)^n + \cdots.$$

这一幂级数称为函数 $f(x)$ 的**泰勒级数**.

显然,当 $x = x_0$ 时,$f(x)$ 的泰勒级数收敛于 $f(x_0)$.

需要解决的问题是:除了 $x = x_0$ 外,$f(x)$ 的泰勒级数是否收敛? 如果收敛,是否一定收敛于 $f(x)$?

定理8.4.1　设函数 $f(x)$ 在点 x_0 的某一邻域 $U(x_0)$ 内具有各阶导数,则 $f(x)$

在该邻域内能展开成泰勒级数的充分必要条件是 $f(x)$ 的泰勒公式中的余项 $R_n(x)$ 当 $n \to \infty$ 时的极限为零,即

$$\lim_{n \to \infty} R_n(x) = 0 \quad (x \in U(x_0)).$$

证明: 先证必要性.

设 $f(x)$ 在 $U(x_0)$ 内能展开为泰勒级数,即

$$f(x) = f(x_0) + f'(x_0)(x - x_0) + \frac{f''(x_0)}{2!}(x - x_0)^2 + \cdots + \frac{f^{(n)}(x_0)}{n!}(x - x_0)^n + \cdots.$$

又设 $s_{n+1}(x)$ 是 $f(x)$ 的泰勒级数的前 $n+1$ 项的和,则在 $U(x_0)$ 内

$$s_{n+1}(x) \to f(x)(n \to \infty).$$

而 $f(x)$ 的 n 阶泰勒公式可写成 $f(x) = s_{n+1}(x) + R_n(x)$,于是

$$R_n(x) = f(x) - s_{n+1}(x) \to 0(n \to \infty).$$

再证充分性.

设 $R_n(x) \to 0(n \to \infty)$ 对一切 $x \in U(x_0)$ 成立.

因为 $f(x)$ 的 n 阶泰勒公式可写成 $f(x) = s_{n+1}(x) + R_n(x)$,于是

$$s_{n+1}(x) = f(x) - R_n(x) \to f(x),$$

即 $f(x)$ 的泰勒级数在 $U(x_0)$ 内收敛,并且收敛于 $f(x)$.

在泰勒级数中取 $x_0 = 0$,得

$$f(0) + f'(0)x + \frac{f''(0)}{2!}x^2 + \cdots + \frac{f^{(n)}(0)}{n!}x^n + \cdots,$$

此级数称为 $f(x)$ 的**麦克劳林级数**.

要把函数 $f(x)$ 展开成 x 的幂级数,可以按照下列步骤进行:

第一步,求出 $f(x)$ 的各阶导数:$f'(x), f''(x), f'''(x), \cdots, f^{(n)}(x), \cdots$;

第二步,求函数及其各阶导数在 $x_0 = 0$ 处的值:$f'(0), f''(0), f'''(0), \cdots, f^{(n)}(0), \cdots$;

第三步,写出幂级数 $f(0) + f'(0)x + \frac{f''(0)}{2!}x^2 + \cdots + \frac{f^{(n)}(0)}{n!}x^n + \cdots$,并求出收敛半径 R;

第四步,考察在区间 $(-R, R)$ 内时是否 $R_n(x) \to 0(n \to \infty)$,

$$\lim_{n \to \infty} R_n(x) = \lim_{n \to \infty} \frac{f^{(n+1)}(\xi)}{(n+1)!} x^{n+1}$$

是否为零. 如果 $R_n(x) \to 0(n \to \infty)$,则 $f(x)$ 在 $(-R, R)$ 内有展开式

$$f(x) = f(0) + f'(0)x + \frac{f''(0)}{2!}x^2 + \cdots + \frac{f^{(n)}(0)}{n!}x^n + \cdots(-R < x < R).$$

例 8.4.1 试将函数 $f(x)=e^x$ 展开成 x 的幂级数.

解:所给函数的各阶导数为 $f^{(n)}(x)=e^x(n=1,2,\cdots)$,因此 $f^{(n)}(0)=1(n=1,2,\cdots)$.得到幂级数

$$1+x+\frac{1}{2!}x^2+\cdots\frac{1}{n!}x^n+\cdots,$$

该幂级数的收敛半径 $R=+\infty$.

由于对于任何有限的数 x,ξ(ξ 介于 0 与 x 之间),有

$$|R_n(x)|=\left|\frac{e^\xi}{(n+1)!}x^{n+1}\right|<e^{|x|}\cdot\frac{|x|^{n+1}}{(n+1)!},$$

而 $\lim\limits_{n\to\infty}\frac{|x|^{n+1}}{(n+1)!}=0$,所以 $\lim\limits_{n\to\infty}|R_n(x)|=0$,从而有展式

$$e^x=1+x+\frac{1}{2!}x^2+\cdots+\frac{1}{n!}x^n+\cdots\quad(-\infty<x<+\infty).$$

例 8.4.2 将函数 $f(x)=\sin x$ 展开成 x 的幂级数.

解:因为 $f^{(n)}(x)=\sin\left(x+n\cdot\frac{\pi}{2}\right)(n=1,2,\cdots)$,

所以 $f^{(n)}(0)$ 顺序循环地取 $0,1,0,-1,\cdots(n=0,1,2,3,\cdots)$,于是得级数

$$x-\frac{x^3}{3!}+\frac{x^5}{5!}-\cdots+(-1)^{n-1}\frac{x^{2n-1}}{(2n-1)!}+\cdots,$$

它的收敛半径为 $R=+\infty$.

对于任何有限的数 x,ξ(ξ 介于 0 与 x 之间),有

$$|R_n(x)|=\left|\frac{\sin\left(\xi+\frac{(n+1)\pi}{2}\right)}{(n+1)!}x^{n+1}\right|\leqslant\frac{|x|^{n+1}}{(n+1)!}\to 0(n\to\infty).$$

因此得展式

$$\sin x=x-\frac{x^3}{3!}+\frac{x^5}{5!}-\cdots+(-1)^{n-1}\frac{x^{2n-1}}{(2n-1)!}+\cdots\quad(-\infty<x<+\infty).$$

例 8.4.3 将函数 $f(x)=(1+x)^m$ 展开成 x 的幂级数,其中 m 为任意常数.

解:$f(x)$ 的各阶导数为

$$f'(x)=m(1+x)^{m-1},$$
$$f''(x)=m(m-1)(1+x)^{m-2},$$
$$\cdots$$
$$f^{(n)}(x)=m(m-1)(m-2)\cdots(m-n+1)(1+x)^{m-n},$$
$$\cdots$$

所以

$f(0)=1, f'(0)=m, f''(0)=m(m-1), \cdots, f^{(n)}(0)=m(m-1)(m-2)\cdots(m-n+1), \cdots,$ 且 $R_n(x)\to 0,$

于是得幂级数

$$1+mx+\frac{m(m-1)}{2!}x^2+\cdots+\frac{m(m-1)\cdots(m-n+1)}{n!}x^n+\cdots.$$

以上例题是直接按照公式计算幂级数的系数,最后考察余项是否趋于零.这种直接展开的方法计算量较大,而且研究余项即使在初等函数中也不是一件容易的事.下面介绍间接展开的方法,也就是利用一些已知的函数展开式,通过幂级数的运算以及变量代换等,将所给函数展开成幂级数.这样做不但计算简单,而且可以避免研究余项.

例 8.4.4 将函数 $f(x)=\cos x$ 展开成 x 的幂级数.

解: 已知

$$\sin x=x-\frac{x^3}{3!}+\frac{x^5}{5!}-\cdots+(-1)^{n-1}\frac{x^{2n-1}}{(2n-1)!}+\cdots \quad (-\infty<x<+\infty).$$

对等式两边求导,得

$$\cos x=1-\frac{x^2}{2!}+\frac{x^4}{4!}-\cdots+(-1)^n\frac{x^{2n}}{(2n)!}+\cdots \quad (-\infty<x<+\infty).$$

例 8.4.5 将函数 $f(x)=\ln(1+x)$ 展开成 x 的幂级数.

解: 因为 $f'(x)=\dfrac{1}{1+x}$,而 $\dfrac{1}{1+x}$ 是收敛的等比级数 $\displaystyle\sum_{n=0}^{\infty}(-1)^n x^n(-1<x<1)$ 的和函数

$$\frac{1}{1+x}=1-x+x^2-x^3+\cdots+(-1)^n x^n+\cdots.$$

所以将上式从 0 到 x 逐项积分,得

$$f(x)=\ln(1+x)=\int_0^x[\ln(1+x)]'\,dx=\int_0^x\frac{1}{1+x}\,dx$$

$$=\int_0^x\Big[\sum_{n=0}^{\infty}(-1)^n x^n\Big]\,dx=\sum_{n=0}^{\infty}(-1)^n\frac{x^{n+1}}{n+1} \quad (-1<x\leqslant 1).$$

上述展开式对 $x=1$ 也成立,这是因为等式右端的幂级数当 $x=1$ 时收敛,而 $\ln(1+x)$ 在 $x=1$ 处有定义且连续.

常用展开式小结如下:

$$\frac{1}{1-x}=1+x+x^2+\cdots+x^n+\cdots \quad (-1<x<1),$$

$$e^x=1+x+\frac{1}{2!}x^2+\cdots+\frac{1}{n!}x^n+\cdots \quad (-\infty<x<+\infty),$$

$$\sin x = x - \frac{x^3}{3!} + \frac{x^5}{5!} - \cdots + (-1)^{n-1} \frac{x^{2n-1}}{(2n-1)!} + \cdots \quad (-\infty < x < +\infty),$$

$$\cos x = 1 - \frac{x^2}{2!} + \frac{x^4}{4!} - \cdots + (-1)^n \frac{x^{2n}}{(2n)!} + \cdots \quad (-\infty < x < +\infty),$$

$$\ln(1+x) = x - \frac{x^2}{2} + \frac{x^3}{3} - \frac{x^4}{4} + \cdots + (-1)^n \frac{x^{n+1}}{n+1} + \cdots \quad (-1 < x \leqslant 1),$$

$$(1+x)^m = 1 + mx + \frac{m(m-1)}{2!} x^2 + \cdots + \frac{m(m-1)\cdots(m-n+1)}{n!} x^n + \cdots +$$

$$(-1 < x < 1).$$

习题 8.4

1. 将下列函数展开成 x 的幂级数,并求展开式成立的区间.

(1)$y = \ln(2+x)$;   (2)$y = \dfrac{1}{(1+x)^2}$.

2. 将函数 $f(x) = \ln x$ 展开成$(x-1)$ 的幂级数.

习题答案

习题 1.1

1.(1)不同； (2)相同； (3)相同； (4)不同．

2.(1)$x \in R$ 且 $x \neq 0, x \neq \dfrac{2}{5}$； (2)(1,2)； (3)$[0,1)$；

3.(1)8,6,1； (2)1,$\dfrac{1}{3}$,$\dfrac{x-1}{x+1}$,$-\dfrac{x}{x+2}$．

4.(1)$y = \ln u, u = x^2 + 1$； (2)$y = e^u, u = \arctan v, v = x+1$； (3)$y = \ln u, u = \sin v, v = \sqrt{x}$．

5.$y = \begin{cases} 10x & x < 20 \\ 8x & 20 \leqslant x \leqslant 40, \\ 6x & x > 40 \end{cases}$ 当 $x = 15, 30, 45$ 时，$y = 150, 240, 270$.

6.$Q = 3\,000 - 30p$．

习题 1.2

1.(1)$\dfrac{1}{4}$； (2)0； (3)4； (4)∞； (5)$\dfrac{1}{2}$； (6)$\dfrac{1}{4}$； (7)$\dfrac{3}{4}$； (8)5.

2.$a = 0, b = 1$.

习题 1.3

1.(1)$\dfrac{1}{3}$； (2)1； (3)0； (4)1； (5)0； (6)1； (7)e^{-3}； (8)e^{-2}； (9)e^{-2}； (10)e^{-1}.

2.(1)$x \to 1$； (2)$x \to 0$.

3.(1)同阶； (2)都不是无穷小．

4.(1)4； (2)$\dfrac{2}{3}$； (3)$-\dfrac{1}{6}$； (4)2.

习题 1.4

1. 连续．

2.$a = 1$.

3.(1)$x = -3$ 为无穷间断点；

(2)$x=3$ 为无穷间断点，$x=-3$ 为可去间断点；

(3)$x=1$ 为无穷间断点；

(4)$x=0$ 为跳跃间断点.

4. 略.

习题 1.5

1.(1)$x=\pm y$；　(2)$\begin{cases} x>0 \\ y>0 \end{cases}$；　(3)$\begin{cases} 2\leqslant x^2+y^2\leqslant 4 \\ x>y^2 \end{cases}$；　(4)$2k\pi\leqslant x^2+y^2\leqslant(2k+1)\pi,k\in Z$.

2.(1)$\dfrac{3}{2}$；　(2)$\ln 2$；　(3)0；　(4)2.

3.(1)$x+y=0$；　(2)$x^2+y^2=k\pi+\dfrac{\pi}{2},k\in Z$.

习题 2.1

1.(1)$f'(x_0)$；　(2)$2f'(x_0)$；　(3)$4f'(x_0)$；　(4)$-2f'(x_0)$.

2.$x=1$.

3.$a=2,b=-1$.

4.$i(t)=12t^2-2$.

5. 切线方程：$2y+x-3=0$，法线方程：$y-2x+1=0$.

习题 2.2

1.(1)$y'=6x$；

(2)$y'=3x^2-\dfrac{3}{2}x^{-\frac{5}{2}}$；

(3)$y'=2x+\dfrac{3}{x^2}+\dfrac{1}{2}x^{-\frac{1}{2}}$；

(4)$y'=\dfrac{1}{2}\cos x$；

(5)$y'=-\dfrac{1}{2}x^{-\frac{3}{2}}-\dfrac{1}{2}x^{-\frac{1}{2}}$；

(6)$y'=e^x\cos x+e^x\sin x$；

(7)$y'=-x^{-2}\cos x-x^{-1}\sin x$；

(8)$y'=\dfrac{-2e^x}{(1+e^x)^2}$.

2.(1)$y'=6(3x-4)$；

(2)$y'=\dfrac{-2}{1-2x}$；

(3)$y'=-\dfrac{1}{x^2}\cos\dfrac{1}{x}$；

$(4)y' = -\dfrac{1}{2}x^{-\frac{1}{2}}\sin\sqrt{x}$;

$(5)y' = \dfrac{e^x}{1+e^{2x}}$;

$(6)y' = e^{\sin x}\cos x$;

$(7)y' = -\dfrac{1}{2}e^{-\frac{x}{2}}\cos 3x - 3e^{-\frac{x}{2}}\sin 3x$;

$(8)y' = 2(2x+1)^{-2}\cos 2x - 4(2x+1)^{-3}\sin 2x$;

$(9)y' = \dfrac{f'(\ln x)}{x}$;

$(10)y' = f'(f(x))f'(x)$;

$(11)y' = \dfrac{\sec^2(x+y)}{1-\sec^2(x+y)}$;

$(12)y' = \dfrac{6y-3x^2}{3y^2-6x}$;

$(13)y' = x^{\sin x}\left(\cos x\ln x + \dfrac{\sin x}{x}\right)$;

$(14)y' = \dfrac{\sqrt{x-2}}{(x+1)^3(4-x)^2}\left(\dfrac{1}{2(x-2)} - \dfrac{3}{x+1} + \dfrac{2}{4-x}\right)$.

3. $(1)y^{(5)} = 960, y^{(6)} = 0$;

$(2)f''(0) = 0$;

$(3)y^{(n)} = n!\,(1-x)^{-(n+1)}, f^{(n)}(0) = n!$.

习题 2.3

1. $(1)2x$; $(2)\dfrac{3}{2}x^2$; $(3)\ln(u+1)$; $(4)\sin t$; $(5)-\dfrac{1}{3}\cos 3x$; $(6)-\dfrac{1}{x}$; $(7)2\sqrt{x}$;

$(8)\tan x$; $(9)-\dfrac{1}{3}e^{-3x}$.

2. $(1)\mathrm{d}y = -\dfrac{1}{\sqrt{1-x^2}}\mathrm{d}x, 0 < x \leqslant 1$

$\mathrm{d}y = \dfrac{1}{\sqrt{1-x^2}}\mathrm{d}x, -1 \leqslant x < 0$;

$(2)\mathrm{d}y = \dfrac{e^x}{1+e^x}\mathrm{d}x$.

习题 2.4

1. $(1)1$; $(2)-1$.

2. $(1)\dfrac{\partial z}{\partial x} = 2x+3y, \dfrac{\partial z}{\partial y} = 3x+2y$;

(2) $\dfrac{\partial z}{\partial x}=\dfrac{1}{y}\mathrm{e}^{\frac{x}{y}}$, $\dfrac{\partial z}{\partial y}=-\dfrac{x}{y^2}\mathrm{e}^{\frac{x}{y}}$;

(3) $\dfrac{\partial z}{\partial x}=\mathrm{e}^{-y}-y\mathrm{e}^{-x}$, $\dfrac{\partial z}{\partial y}=\mathrm{e}^{-x}-x\mathrm{e}^{-y}$;

(4) $\dfrac{\partial u}{\partial x}=zy^z x^{z-1}$, $\dfrac{\partial u}{\partial y}=zx^z yz-1$, $\dfrac{\partial u}{\partial z}=(xy)^z \ln(xy)$.

3. (1) $\dfrac{\partial^2 z}{\partial x^2}=6x-6y^2$, $\dfrac{\partial^2 z}{\partial y^2}=6y-6x^2$, $\dfrac{\partial^2 z}{\partial x \partial y}=-12xy$;

(2) $\dfrac{\partial^2 z}{\partial x^2}2\cos(x^2-y)-4x^2\sin(x^2-y)$, $\dfrac{\partial^2 z}{\partial y^2}=-\sin(x^2-y)$, $\dfrac{\partial^2 z}{\partial x \partial y}=2x\sin(x^2-y)$.

4. $f'_x(0,0)=0$, $f'_y(0,0)$不存在 .

5. (1) $\mathrm{d}z=-\dfrac{y}{x^2}\mathrm{d}x+\dfrac{1}{x}\mathrm{d}y$;

(2) $\mathrm{d}z=yx^{y-1}\mathrm{d}x+x^y \ln x\mathrm{d}y$.

习题 2.5

1. $\dfrac{\mathrm{d}z}{\mathrm{d}t}=\mathrm{e}^{\sin t+\cos t}(\cos t-\sin t)$.

2. $\dfrac{\partial z}{\partial x}=\dfrac{3x^z \ln(3x+2y)}{y^3}+\dfrac{3x^3}{(3x+2y)y^3}$, $\dfrac{\partial z}{\partial y}=\dfrac{3x^3 \ln(3x+2y)}{y^4}+\dfrac{2x^3}{(3x+2y)y^3}$.

3. (1) $\dfrac{\partial z}{\partial x}=yf'_1-\dfrac{y}{x^2}f'_2$, $\dfrac{\partial z}{\partial y}=xf'_1-\dfrac{1}{x}f'_2$;

(2) $\dfrac{\partial u}{\partial x}=\dfrac{1}{y}f'_1$, $\dfrac{\partial u}{\partial y}=-\dfrac{x}{y^2}f'_1+\dfrac{1}{x}f'_2$, $\dfrac{\partial u}{\partial z}=-\dfrac{y}{z^2}f'_2$.

4. (1) $\dfrac{\partial^2 z}{\partial x^2}=2f'(x^2+y^2)+4x^2 f''(x^2+y^2)$,

$\dfrac{\partial^2 z}{\partial y^2}=2f'(x^2+y^2)+4y^2 f''(x^2+y^2)$,

$\dfrac{\partial^2 z}{\partial x \partial y}=4xyf''(x^2+y^2)$;

(2) $\dfrac{\partial^2 z}{\partial x^2}=2f'_1+y^2 \mathrm{e}^{xy}f'_2+4x^2 f''_{11}+4xy\mathrm{e}^{xy}f''_{12}+y^2\mathrm{e}^{2xy}f''_{22}$,

$\dfrac{\partial^2 z}{\partial y^2}=-2f'_1+x^2 \mathrm{e}^{xy}f'_2+4y^2 f''_{11}-4xy\mathrm{e}^{xy}f''_{12}+x^2\mathrm{e}^{2xy}f''_{22}$,

$\dfrac{\partial^z z}{\partial x \partial y}=(1+xy)\mathrm{e}^{xy}f'_2-4xyf''_{11}+2(x^2-y^2)\mathrm{e}^{xy}f''_{12}+xy\mathrm{e}^{2xy}f''_{22}$.

5. (1) $\dfrac{\mathrm{d}y}{\mathrm{d}x}=\dfrac{y^3-y\mathrm{e}^x}{1-2xy^2}$;

(2) $\dfrac{\partial z}{\partial x}=-\dfrac{z^2}{2y+3xy}$, $\dfrac{\partial z}{\partial y}=-\dfrac{z}{2y+3xy}$, $\dfrac{\partial^2 z}{\partial x^2}=\dfrac{10yz^3+15xz^4-3xz^2}{(2y+3xz)^3}$.

习题 3.1

1. (1) $\xi = \dfrac{\pi}{2}$;　(2) $\xi = 0$.

2. (1) $\xi = 1$;　(2) $\xi = \dfrac{1}{\ln 2}$;　(3) $\xi = \sqrt{\dfrac{4}{\pi} - 1}$.

3. $\dfrac{1}{b} < f'(x) < \dfrac{1}{a}$.

4. (1) $\dfrac{1}{2}$;　(2) $\dfrac{1}{3}$;　(3) 1;　(4) ∞;　(5) $-\sin a$;　(6) a;　(7) $-\dfrac{1}{2}$;　(8) $\dfrac{1}{2}$;

　(9) $\begin{cases} 0, a > 0, \\ \infty, a \leqslant 0; \end{cases}$　(10) ∞;　(11) e^{-6};　(12) 1.

习题 3.2

1. 略.

2. (1) 增区间 $(-\infty, -1), (3, +\infty)$, 减区间 $(-1, 3)$;

　(2) 增区间 $(-1, 1)$, 减区间 $(-\infty, -1), (1, +\infty)$.

3. 极大值 $f(0) = 7$, 极小值 $f(2) = 3$;　(2) 极小值 $f(0) = 0$.

4. (1) 最大值 $f(4) = 80$, 最小值 $f(-1) = -5$;

　(2) 最大值 $f\left(\dfrac{3}{4}\right) = \dfrac{5}{4}$, 最小值 $f(-5) = \sqrt{6} - 5$.

5. $a = -\dfrac{2}{3}, b = -\dfrac{1}{6}$.

6. 边长为 $\dfrac{a}{3}$.

习题 3.3

1. 凹区间 $(-\infty, 0), (1, +\infty)$; 凸区间 $(0, 1)$; 拐点 $(0, 1), (1, 0)$.

2. (1) 水平渐近线 $y = 0$, 垂直渐近线 $x = 5$;

　(2) 水平渐近线 $y = -3$, 垂直渐近线 $x = \pm 1$.

3. (1) 水平渐近线 $y = 1$, 垂直渐近线 $x = -1$;

　(2) 水平渐近线 $y = 0$, 垂直渐近线 $x = 0$.

4. 略.

习题 3.4

1. (1) 极大值 $f(2, 2) = 8$;

　(2) 极大值 $f\left(\dfrac{1}{2}, -1\right) = \dfrac{e}{2}$.

2. $\left(\dfrac{21}{13}, 2, \dfrac{63}{26}\right)$.

3. 长方体边长为: $x=y=z=2$.

4. 极大值: $z(1,-2)=8$.

习题 3.5

1. 产量为 140, 最低成本为 78, 边际成本为 78.

2. $C(10)=125, C'(10)=5$.

3. (1) $L(Q)=4Q-10-0.2Q^2$; 　(2) $L(10)=10$.

4. $R(15)=255, R'(15)=14$.

5. (1) $\eta(5,8)=\dfrac{169}{61}=2.77$, 经济意义为: 当商品的价格在 5 到 8 区间时, 价格在 5 的基础上每增加 1%, 那么销量就会在 50 的基础上下降 2.77%;

(2) $\eta(p)=\dfrac{2p^2}{Q}$;

(3) $\eta(3)=\dfrac{3}{22}=0.14$, 经济意义为: 当价格为 3 时, 价格每增加 1%, 那么销量将会减少 0.14%. $\eta(5)=1$, 经济意义为: 当价格为 5 时, 价格每增加 1%, 那么销量将会减少 1%. $\eta(8)=\dfrac{128}{11}=11.64$, 经济意义为: 当价格为 8 时, 价格每增加 1%, 那么销量将会减少 11.64%.

习题 4.1

1. (1) 成立; 　　　　(2) 不成立.

2. (1) $\dfrac{3}{10}x^{\frac{10}{3}}+C$; 　(2) $\dfrac{3^x}{\ln 3}+\tan x+C$; 　　(3) $x-\arctan x+C$;

(4) $\dfrac{2^x e^x}{1+\ln 2}+C$; 　(5) $-\dfrac{1}{x}+x+\dfrac{1}{12}x^3+C$; 　(6) $\dfrac{2}{5}x^{\frac{5}{2}}+\dfrac{3}{2}x^2+C$;

(7) $\dfrac{2}{3}x^{\frac{3}{2}}-2x+C$; 　(8) $\dfrac{1}{2}x^2-\arctan x+C$; 　(9) $3x-\dfrac{3^x}{4^x \ln\dfrac{3}{4}}+C$;

(10) $\tan x+\sec x+C$; 　(11) $\dfrac{1}{2}\tan x+C$; 　　(12) $-\tan x-\cot x+C$.

3. $-\dfrac{1}{x\sqrt{1-x^2}}$.

4. $y=24x^2-4$.

习题 4.2

1. (1) $\dfrac{1}{3}$; 　(2) $\dfrac{1}{2}$; 　(3) 2; 　(4) -2; 　(5) -1; 　(6) $-\dfrac{1}{2}$; 　(7) $\dfrac{1}{2}$; 　(8) 1; 　(9) -1;

(10) $-\dfrac{1}{3}$.

2. (1) $-2\mathrm{e}^{-\frac{x}{2}}+C$；

(2) $-\dfrac{1}{3}(1-2x)^{\frac{3}{2}}+C$；

(3) $\dfrac{1}{3}\sin(3x+2)+C$；

(4) $\dfrac{1}{16}(1+x^2)^8+C$；

(5) $-\dfrac{1}{4}\cos(2x^2-1)+C$；

(6) $3\arctan x+\ln(1+x^2)+C$；

(7) $\ln\left|\dfrac{x}{x+1}\right|+C$；

(8) $-2\cos\sqrt{x}+C$；

(9) $-\dfrac{1}{4}\cos^4 x+C$；

(10) $\dfrac{1}{2}x+\dfrac{1}{8}\sin 4x+C$；

(11) $\dfrac{1}{3}\sec^3 x+C$；

(12) $-\ln\left|\mathrm{e}^{-x}-1\right|+C$；

(13) $\dfrac{1}{2}(3+\ln x)^2+C$；

(14) $\dfrac{1}{4}\ln(1+x^4)-\dfrac{1}{2}\arctan x^2+C$；

(15) $\dfrac{1}{4}\sin 2x-\dfrac{1}{24}\sin 12+C$；

(16) $-\dfrac{1}{\arcsin x}+C$；

(17) $\dfrac{1}{2}\arcsin(\sin^2 x)+C$；

(18) $2\arcsin\sqrt{x}+C$．

3. (1) $2(\sqrt{x-1}-\arctan\sqrt{x-1})+C$；

(2) $\dfrac{x}{\sqrt{1+x^2}}+C$；

(3) $\sqrt{x^2-9}-3\arccos\dfrac{3}{x}+C$；

(4) $6\left(\dfrac{1}{7}x^{\frac{7}{6}}-\dfrac{1}{5}x^{\frac{5}{6}}-\dfrac{1}{3}x^{\frac{3}{6}}-x^{\frac{1}{6}}+\arctan x^{\frac{1}{6}}\right)+C$；

(5) $\dfrac{1}{2}\arcsin x+\dfrac{1}{2}x\sqrt{1-x^2}+C$．

习题 4.3

1. (1) $-x\mathrm{e}^{-x}-\mathrm{e}^{-x}+C$；

(2) $-x\cos x+\sin x+C$；

(3) $\dfrac{1}{2}(x-1)^2\ln x-\dfrac{1}{4}x^2+x-\dfrac{1}{2}\ln x+C$；

(4) $\dfrac{1}{2}x^2\arctan x-\dfrac{1}{2}(x-\arctan x)+C$；

(5) $x\tan x+\ln|\cos x|+C$；

(6) $\dfrac{x}{2}\sin 2x+\dfrac{1}{4}\cos 2x+C$；

(7) $(x^2-2x+3)\mathrm{e}^x+C$；

(8) $2\sqrt{x}\,\mathrm{e}^{\sqrt{x}}-\mathrm{e}^{\sqrt{x}}+C$；

(9) $\dfrac{1}{2}\mathrm{e}^x-\dfrac{1}{5}\mathrm{e}^x\sin 2x-\dfrac{1}{10}\mathrm{e}^x\cos 2x+C$．

2. $-2x^2\mathrm{e}^{-x^2}-\mathrm{e}^{-x^2}-C$．

习题 5.1

1. $\int_{T_1}^{T_2} v(t)\,dt$.

2. (1) 0； (2) 8π； (3) 0.

3. (1) $\int_0^1 x^2\,dx \geqslant \int_0^1 x^3\,dx$； (2) $\int_3^4 \ln x\,dx \geqslant \int_3^4 (\ln x)^2\,dx$； (3) $\int_0^{-2} e^x\,dx < \int_0^{-2} x\,dx$.

4. (1) $6 \leqslant \int_1^4 (x^2+1) \leqslant 51$； (2) $-2e^{-1} \leqslant \int_{-2}^0 x\,e^x\,dx \leqslant 0$.

习题 5.2

1. (1) $2x\sqrt{1+x^6}$； (2) $\dfrac{73}{6} 2t e^{-t^4} - e^{-t^2}$； (3) $\cos(\pi \sin^2 x)(\sin x - \cos x)$.

2. (1) $\dfrac{1}{4}$； (2) 1.

3. (1) $\dfrac{1}{10}$； (2) $\dfrac{73}{6}$； (3) 1； (4) -4. (5) 1； (6) 4； (7) 6.

习题 5.3

1. (1) $\dfrac{1}{10}$； (2) 1； (3) $\dfrac{5}{2}$； (4) $\arctan e - \dfrac{\pi}{4}$； (5) $\dfrac{\pi}{6} - \dfrac{\sqrt{3}}{8}$ (6) $\dfrac{1}{8}$； (7) $-\dfrac{1}{6}$；

(8) $\sqrt{3} - \dfrac{\pi}{3}$； (9) $\ln\dfrac{\sqrt{2}+1}{\sqrt{3}}$； (10) $2 - \dfrac{\pi}{2}$.

2. (1) $1 - \dfrac{2}{e}$； (2) 1； (3) $\dfrac{\pi}{4} - \dfrac{1}{2}$； (4) $\dfrac{1}{9}(1 + 2e^3)$； (5) $\left(\dfrac{1}{4} - \dfrac{\sqrt{3}}{9}\right)\pi + \dfrac{1}{2}\ln\dfrac{3}{2}$；

(6) $\pi - 2$.

3. (1) 0； (2) 0； (3) 0； (4) $\dfrac{3\pi}{8}$.

习题 5.4

1. (1) $\dfrac{\pi}{4}$； (2) 1； (3) 1； (4) $\dfrac{1}{2}(1+\ln 2)$； (5) 2； (6) -1.

2. 5!

3. 略.

习题 5.5

1. (1) $\dfrac{23}{3}$； (2) $\dfrac{7}{12}$； (3) $\dfrac{4}{3} + 2\pi$； (4) 36.

2. (1) $\dfrac{\pi}{2}(e^2+1)$； (2) $\dfrac{16}{15}\pi, \dfrac{4}{3}\pi$； (3) $\dfrac{31}{5}\pi$.

3.(1)105；　(2)630.

4.(1)4 500,49 000；　(2)4 500.

习题 6.1

1.(1)1 阶；　(2)1 阶；　(3)2 阶；　(4)2 阶；　(5)5 阶.

2.(1) 是特解；　(2) 是特解；　(3) 不是解；　(4) 是通解.

3.(1)$y' = x^2$；　(2)$y' = -\dfrac{2x}{y}$.

习题 6.2

1.(1) 是；　(2) 否；　(3) 否；　(4) 否.

2.(1)$y = C\mathrm{e}^{3x}$；　(2)$y = \dfrac{C}{\sin x}$；　(3)$y = C\mathrm{e}^{\mathrm{e}^x}$.

3.$\mathrm{e}^y = \dfrac{1}{2}\mathrm{e}^{2x} + \dfrac{1}{2}$.

4.(1)$y = (x^2 + C)\mathrm{e}^{-x^2}$；　(2)$y = \dfrac{\mathrm{e}^x + C}{x}$.

5.$y = 100 - \dfrac{100}{\mathrm{e}^t}$.

习题 6.3

1.(1) 线性无关；　(2) 线性相关.

2.(1)$y = \dfrac{x^4}{24} + \dfrac{C_1}{2}x^2 + C_2 x + C_3$；　(2)$y = \dfrac{x^3}{6} - \sin x + C_1 x + C_2$.

3.(1)$y = C_1\mathrm{e}^x + C_2\mathrm{e}^{-5x}$；

　　(2)$y = (C_1 + C_2 x)\mathrm{e}^{-\frac{x}{2}} \quad y = (2 + x)\mathrm{e}^{-\frac{x}{2}}$；

　　(3)$y = \mathrm{e}^{-x}(C_1\cos\sqrt{3}\,x + C_2\sin\sqrt{3}\,x)$.

4.$y'' - y - 5 = 0$.

习题 7.1

1.(1)3；　(2)$\left(0,0,\dfrac{1}{4}\right), \dfrac{1}{4}$.

2.(1) 抛物柱面；　(2) 圆柱面；　(3) 椭圆柱面；　(4) 球面.

3.(1) 在 $z = 1$ 平面上的一条椭圆曲线：$\dfrac{x^2}{9} + \dfrac{y^2}{4} = 1$；

　　(2) 在 $y = 1$ 平面上的一条抛物线：$z = x^2 + 1$.

习题 7. 2

1.(1)1，1，2；　(2)10，$-\dfrac{1}{2}$.

2.$\overrightarrow{AB}=(-1,-\sqrt{2},1),|\overrightarrow{AB}|=2,$

$(\cos\alpha,\cos\beta,\cos\gamma)=\left(-\dfrac{1}{2},\dfrac{\sqrt{2}}{2},\dfrac{1}{2}\right),$

$(\alpha,\beta,\gamma)=\left(\dfrac{2\pi}{3},\dfrac{\pi}{4},\dfrac{\pi}{3}\right).$

3.$(-5,3,1).$

4.$3\sqrt{10}$；

习题 7. 3

1.(1)$3x-2y-z=0$；　(2)$k=3$.

2.(1)$x+y+z-1=0$；　(2)$x=1$；　(3)$x+2z-2=0$.

3.$A=-\dfrac{3}{2},B=4$.

4.(1)$\dfrac{x-1}{2}=\dfrac{y-2}{-2}=\dfrac{z-3}{1}$；　(2)$\dfrac{x-1}{3}=\dfrac{y-2}{-1}=\dfrac{z+3}{0}$.

5.0(平行).

6.1.

7.$\dfrac{x}{1}=\dfrac{y-7}{-3}=\dfrac{z-8}{-5}$.

习题 8. 1

1.(1)$1,\dfrac{2!}{2^2},\dfrac{3!}{3^2},\dfrac{4!}{4^2}$；　(2)$-1,\dfrac{2}{3},0,-\dfrac{4}{5}$.

2.(1)$a_n=(-1)^n\dfrac{1}{2^{n-1}}$；　(2)$a_n=(-1)^{n+1}\dfrac{a^{n+1}}{2n+1}$；　(3)$a_n=\dfrac{1}{2n-1}$.

3.(1) 发散；　(2) 发散.

4.(1) 发散；　(2) 发散.

习题 8. 2

1.(1) 发散；　(2) 收敛；　(3) 收敛；　(4) 发散.

2.(1) 收敛；　(2) 发散.

3.(1) 条件收敛；　(2) 绝对收敛.

习题 8. 3

1.(1)$(-1,1)$；　(2)$(-1,1)$；　(3)$(-3,3)$.

2. (1) $\dfrac{1}{(1-x)^2}$，$(-1<x<1)$； (2) $\arctan x$，$(-1<x<1)$.

习题 8.4

1. (1) $\ln 2 + \displaystyle\sum_{n=1}^{\infty} \dfrac{(-1)^{n+1}}{n \cdot 2^n} x^n$，$(-2,2]$ ； (2) $\displaystyle\sum_{n=1}^{\infty} (-1)^n (n+1) x^n$，$(-1,1)$.

2. $(x-1) - \dfrac{(x-1)^2}{2} + \dfrac{(x-1)^3}{3} + \cdots (-1)^{n-1} \dfrac{(x-1)^n}{n} + \cdots$，$x \in (0,2]$.